Edizioni PensareDiverso
Cenacolo Jung Pauli

François Aroche

L'univers est intelligent. L'âme existe.

Mystères quantiques, multivers, intrication, synchronicité. Au-delà de la matérialité, pour une vision spirituelle du cosmos.

Index du livre

Introduction.

Les découvertes incroyables de la physique quantique changent complètement les hypothèses de la science classique. Aujourd'hui, la technique permet des réalisations étonnantes. Par exemple, les premiers ordinateurs quantiques dotés de capacités informatiques presque illimitées sont en cours de réalisation. Certains soutiennent la possibilité réelle de voyager dans le temps. Outre ces innovations connues du grand public, il en existe d'autres moins connues mais non moins importantes. Ce sont les nouveautés découlant des études quantiques, parmi lesquelles on peut citer la "superposition d'états" et "l'effondrement quantique".

La "superposition d'états" confirme que la même particule peut être trouvée simultanément à deux endroits ou plus. La théorie de "l'effondrement quantique" confirme que le comportement de la matière peut être décidé simplement par observation. Ce ne sont pas des hypothèses, mais des principes vérifiés expérimentalement.

Ce livre ne traite pas seulement de ces innovations, mais laisse beaucoup de place à des théories plus avancées. Ce sont des théories annoncées mais non encore confirmées. En outre, le livre évalue également les théories les plus aventureuses, à condition qu'elles soient scientifiquement fondées.

Par exemple, le livre parle du multivers, ou théorie des univers parallèles, proposé par le physicien Hugh Everett. De la même manière, le livre parle de non-localité. C'est un espace psychique totalement indépendant des lois de la physique classique. En raison de la non-localisation, les particules élémentaires, situées à des distances astronomiques, se comportent comme si elles ne faisaient qu'un seul.

Ce livre parle également des dernières recherches de Roger Penrose, physicien sans lien de religion, et de Stuart Hameroff. Selon ces deux scientifiques, l'âme existe et peut être identifiée aux fluctuations quantiques. Ces fluctuations ont la capacité de survivre à la mort physique du corps.

Si réellement les "âmes" sont des condensations de fluctuations quantiques, nous pouvons formuler une question: sera-t-il possible de concevoir des instruments permettant de dialoguer avec ces fluctuations?

Le livre expose les recherches de scientifiques établis, mais sans utiliser aucune formule mathématique. Les théories sont exposées de manière simple et compréhensible à tous. Ainsi, chacun peut découvrir les aspects insoupçonnés de la réalité dans laquelle nous vivons.

Il est clair que la physique quantique décrète la fin du matérialisme et le début d'une nouvelle phase culturelle, basée sur la collaboration entre l'esprit et la matière.

Vivre dans la coquille d'une noix

*Mon objectif est simple. C'est la compréhension com-
plète de l'univers. Je veux comprendre
pourquoi l'univers est fait tel quel
et pourquoi il existe réellement.*
(Stephen Hawking, astrophysicien)

Qu'est-ce que Hamlet a à faire avec Stephen Hawking?

Le 14 mars 2018, à Cambridge, l'un des scientifiques les plus célèbres, l'astrophysicien Stephen Hawking, est décédé. Ses intérêts couvraient de vastes domaines de connaissance. Par exemple, il a d'abord effectué des études scientifiques sur les alignements astronomiques de Stonehenge.

Hawking était également un communicateur très précieux. Son ouvrage le plus célèbre, le livre "Une brève histoire du temps", a été publié en 1988 et s'est vendu à plus de dix millions d'exemplaires dans le monde.

En 2001, Hawking a publié un autre succès, "The Universe in a Nutshell". Le titre est assez original pour ne pas éveiller la curiosité. En fait, la référence à la coque d'écrou n'est pas expliquée dans l'introduction. Nous ne pouvons trouver qu'une référence au début du troisième chapitre. Voici une citation de Hamlet de Shakespeare:

> "O Dieu, je pourrais Vivre dans la coquille
> d'une noix et me considérer comme un roi d'e-
> space infini."
> (Hameau, Acte II)

Hawking est un homme de grande culture. Il y a une raison spécifique pour laquelle il a décidé de choisir cette phrase. Ce chapitre aura pour but d'expliquer la raison de ce choix. À partir de cette citation, nous pourrons comprendre les sujets abordés ci-dessous.

Un auteur qui représente son époque.

William Shakespeare a vécu entre 1564 et 1616. Il a produit de nombreuses œuvres. Parmi ces œuvres, la plus célèbre est certainement le Hamlet, écrit par Shakespeare entre 1600 et 1602.

Hamlet est une tragédie et raconte des événements apparemment fantastiques qui peuvent toutefois être liés au contexte politique et culturel de l'époque. En effet, Shakespeare remplit le récit d'implications. Par conséquent, le contenu du travail peut être évalué à différents niveaux. Nous pouvons distinguer le niveau narratif et le niveau historique. Mais il y a aussi un troisième niveau. Cela peut être considéré comme une transposition des opinions de l'auteur en relation avec le ferment culturel de l'époque.

Les trois niveaux sont résumés dans le diagramme ci-joint. La connaissance de l'intrigue détaillée de Hamlet n'est pas essentielle pour comprendre les différentes interprétations. Nous pouvons rappeler brièvement que l'un des personnages principaux est le roi Claudius. Claudio a épousé Gertrude, la veuve de feu le roi Hamlet. Au fait, Gertrude est la mère de Prince Hamlet. (Curieusement, le jeune prince porte le même nom que son père).

Le fantôme du roi défunt apparaît à son fils Hamlet et révèle le secret de sa mort. Il prétend avoir été tué par Claudio. Claudio a commis le crime d'usurper le royaume et d'épouser Gertrude. Tous ceux qui le souhaitent peuvent trouver un résumé de l'intrigue en annexe.

Dans le récit, les vicissitudes d'un personnage négatif, le roi Claude, meurtrier et usurpateur, se mêlent à celles d'une victime, le prince Hamlet.

Le prince, tout en ayant raison, doit faire semblant d'être fou pour éviter d'autres actions négatives de Cladio. Shakespeare embrasse l'antinomie «bon-mauvais», en le tirant de ses connaissances culturelles et des disputes scientifiques le impliquant. Il attribue le rôle du "méchant", représenté par le roi Claudius, à l'astronome Tycho Brahe.

Figure 1 - Stephen Hawking le jour de son premier mariage en 1963 avec Jane Wilde. Peu de temps après, il a été frappé par la maladie qui l'a obligé à vivre en fauteuil roulant.

Le rôle du "bien" est interprété par Prince Hamlet. Dans l'intrigue sous-jacente de Shakespeare, cependant, le "bon" est un autre astronome, Thomas Digges.

À l'évidence, les deux astronomes ont appuyé différentes théories et Shakespeare s'est déclaré d'accord avec l'une des deux, c'est-à-dire avec Digges.

Cela signifie que Sakespaere a souscrit à la thèse copernicienne sur la position de la Terre dans l'univers, soutenue par Digges. Cette thèse était à l'opposé de celle soutenue par Brahe, d'orientation ptolémaïque.

La thèse copernicienne prévoyait que la Terre tournait autour du Soleil, tandis que la thèse ptolémaïque prévoyait, au contraire, que le Soleil tournait autour de la Terre.

Niveaux d'interprétation de Hamlet de Shakespeare

Le roi claudio

Niveau narratif. Le fantôme du père de Hamlet révèle que Claudio l'a tué pour voler le trône et épouser la reine veuve Gertrude.

Niveau historique. Claudius est identifié à Frédéric II (1534-1588), roi de Danimara et de Norvège. Lorsque l'astronome Tycho Brahe devient célèbre, Claudio lui donne une île située près du château d'Elsinore.

Niveau allusif. Le roi Claude représente la thèse ptolémaïque, soutenue par Tycho Brahe. Cette thèse place la Terre au centre de l'univers. Shakespeare n'approuve pas cette thèse.

Rosencrantz et Guildenstern

Niveau narratif. Ils sont amis de Hamlet. Claudio les appelle et leur confie la tâche d'enquêter sur la folie de Hamlet.

Niveau historique. Deux noms de famille pratiquement égaux figurent parmi les ancêtres de Tycho Brahe.

Niveau allusif. Les deux personnages acceptent la tâche de convaincre Hamlet mais ne le peuvent pas, ils représentent une science traditionnelle qui continue de soutenir la thèse de Ptolémée mais qui est sur le point d'être remplacée par la thèse de Copernic.

Reine Gertrude

Niveau narratif. Épouse de feu King Hamlet. Immédiatement après la mort de son mari, elle a accepté d'épouser Claudio.

Niveau historique. Gertrude est la reine Sofia, épouse de Frédéric II et mère de Christian IV.

Niveau allusif. Il y avait probablement une relation amoureuse entre Sofia et Tycho. Cela lie encore plus les thèses ptolémaïques de Tycho à l'établissement dominant de cette période historique.

Bernardo

Niveau narratif. Dans le premier acte de la tragédie, Bernard mentionne une étoile qui est apparue dans le ciel et qui a provoqué le malheur.

Niveau historique. Cette étoile serait la supernova qui est apparue dans les cieux de l'Europe en 1572 et décrite par Tychio Brahe.

Niveau allusif. La nouvelle étoile annonce le malheur car elle coïncide avec l'apparition du fantôme de feu le roi Hamlet.

Prince Hamlet

Niveau narratif. Le fantôme de son père révèle le crime commis par Claudio.

Niveau historique. Prince Hamlet est identifié avec le roi Christian IV. Quand il monte sur le trône, Christian commence un procès contre Tycho Brahe et le force à émigrer à Prague. Cristiano veut probablement se venger des relations de Tycho avec sa mère Sofia.

Niveau allusif. Hamlet représente la thèse soutenue par Thomas Digges. Digges supporte le modèle de l'univers proposé par Copernic. Dans ce modèle, le soleil est au centre de l'univers.

Copernicus minimise le rôle de la Terre qui n'est plus au centre de tout. Mais Hamlet ne considère pas ce déclassement comme important. Il se sent heureux même de vivre dans la coquille d'une cacahuète.

Tycho Brahe et la supernova N1572

Tycho Brahe était un jeune homme brillant. En 1572, à l'âge de 27 ans, il acquit une renommée internationale en décrivant l'explosion d'une supernova. Aujourd'hui, nous identifions cet événement astronomique aux initiales N1572 ou au nom "Eta-Cassiopeiae B", "la supernova de Tycho".

Aux yeux des non-initiés, une supernova ressemble à une nouvelle étoile très lumineuse qui apparaît soudainement dans le ciel. À l'époque de Tycho, l'apparition de nouveaux objets célestes était une source de grande préoccupation, car ce phénomène était interprété comme un mauvais présage. En fait, Shakespeare place cet événement au tout début de Hamlet, comme pour annoncer la tragédie des événements relatés ci-dessous.

Dans le premier acte de Hamlet Bernardo, un militaire au service du roi, arrive dans les gradins du château pour donner une relève de garde à Francesco. Peu de temps après, Marcello et Orazio arrivent également. Ces quatre personnages parlent des apparences du spectre du roi décédé deux mois plus tôt. Les apparitions sont associées au chemin dans le ciel de la nouvelle étoile. Bernardo raconte les faits de la manière suivante:

> "Last night of all, When yond same star that's westward from the pole.

Figure 2 - Portrait de Tycho Brahe entouré des armoiries de ses ancêtres, dont deux portent le nom de famille de Rosenkrantz et de Guildenstierne. Ces noms de famille sont extraordinairement similaires à ceux de deux personnages qui ont été les camarades de classe de Hamlet.

> Had made his course t' illume that part of
> heaven. Where now it burns, Marcellus and
> myself, The bell then beating one..."

Mais à ce moment précis, avec l'étoile, apparaît également le spectre du roi.

Lorsque l'explosion de la supenova eut lieu en 1572, Shakespeare avait huit ans. Cet événement l'a impressionné beaucoup et a joué un rôle important dans son développement culturel.

Tycho Brahe a également observé le phénomène dans la soirée du 11 novembre 1572:

> "Soudainement et de manière inattendue, j'ai
> vu une étoile inconnue au zénith, avec une lumière très brillante."

La supernova avait une luminosité comparable à celle de la planète Vénus. C'était aussi visible dans le ciel le jour. Tycho a décrit le phénomène dans un petit volume publié en 1573 sous le titre "*De nova stella*".

La supernova a cessé de briller en 1574 mais, métaphoriquement, la bonne étoile de Tycho a commencé à briller à partir de ce moment précis. L'astronome est devenu si célèbre sur la scène internationale que le roi Frédéric II (dans la tragédie Claudius) lui a attribué l'île de Hven située près de son château d'Elsinore, à l'entrée du détroit d'Øresund. Sur cette île, Tycho fit construire un château qu'il baptisa Uranienborg, en l'honneur de la muse de l'astronomie, Urania.

L'histoire se termine d'une manière peu édifiante. Il semble que Tycho soit devenu l'amant de la reine Gertrude, veuve du roi tué. Dans la réalité historique, Gertrude était la reine Sofia, épouse de Frédéric II et mère de son successeur, Christian IV.

De toute évidence, Cristiano IV n'aimait pas la relation de l'astronome avec sa mère. Lorsqu'il monta sur le trône, le nouveau roi changea de manière décisive la relation entre la maison royale et Tycho et engagea une procédure judiciaire contre lui.

En 1597, Tycho quitta l'île de Hven et émigra à Prague. Le château d'Uranienborg et le complexe astronomique voisin de Stjerneborg ont été détruits peu de temps après la mort de l'astronome. Dans les années 1950, des fouilles archéologiques ont été menées à Stjerneborg. Plus tard, le site a été reconstruit. Uranienborg abrite actuellement un musée consacré à Tycho Brahe et à l'histoire de l'île de Hven.

En ce qui concerne la connaissance de la supernova, personne ne savait, jusqu'au siècle dernier, de quel type d'objet céleste il s'agissait. Après 1952, les astronomes ont commencé à étudier les émissions du ciel dans la bande de fréquences radio. Cela a permis d'identifier les restes de la supernova de Tycho avec l'objet 3C10. Il semble que cette supernova ait été générée par l'explosion d'un nain blanc qui avait franchi la limite de Chandrasekhar, aspirant la matière d'une autre étoile. En 2005, les astronautes ont également identifié l'autre étoile du système binaire et l'ont appelée Tycho G.

Conflits astronomiques

Not from the stars do I my judgement pluck;
And yet methinks I have Astronomy,
But not to tell of good or evil luck,
Of plagues, of dearths, or seasons' quality;
Nor can I fortune to brief minutes tell,
Pointing to each his thunder, rain and wind,
Or say with princes if it shall go well
By oft predict that I in heaven find:
But from thine eyes my knowledge I derive,
And, constant stars, in them I read such art
As truth and beauty shall together thrive,
If from thyself, to store thou wouldst convert;
Or else of thee this I prognosticate:
Thy end is truth's and beauty's doom and date.
(William Shakespeare, Sonnet XIV)

Le système ptolémaïque

La dispute dans ces pages se limite à la pensée de Tycho Brahe et Thomas Digges. Cependant, avant d'entrer dans les détails, il est conseillé de décrire brièvement la question à l'origine du litige. Les deux avaient des croyances différentes sur la forme et le fonctionnement de l'univers. À cet égard, de nombreuses théories ont été élaborées au cours de l'histoire humaine.

Les Grecs ont été les premiers à réaliser un modèle du système solaire. Hipparchus, un philosophe qui a vécu entre 200 et 120 avant JC, a étudié avec soin les observations et les connaissances accumulées au cours des siècles par les Chaldéens babyloniens. Ipparco a utilisé cette connaissance pour développer un modèle capable d'expliquer le mouvement du soleil et celui de la lune.

Au 2ème siècle après JC le modèle développé par Claudius Ptolemy s'est établi. Ptolémée était un grec de langue et de culture hellénistiques. Il était astrologue, astronome et géographe. Il a vécu à Alexandrie en Egypte entre 100 et 175 après JC (*figure 3*).

Ptolémée a proposé le modèle dit ptolémaïque ou géocentrique. Selon ce modèle, le système solaire est une grande sphère placée au centre de l'univers. La Terre est plate et immobile et se situe au centre de la sphère céleste. le soleil, la lune et les autres planètes tournent autour de la terre

Enfin, Ptolémée prétend que la limite de l'univero est constituée par la sphère des étoiles fixes. Selon Ptolémée, l'univers est plein et a des frontières, il est donc limité dans l'espace. L'univers de Ptolémée n'est pas infini.

Au Moyen Âge, le modèle de Ptolémée était encore accepté, mais avec des interprétations différentes. Il y avait deux interprétations principales.

Une interprétation s'appelait "astronomie mathématique" et était fondée sur l'œuvre principale de Ptolémée "*Almagesto*". Cette interprétation était appropriée pour effectuer des calculs et des prévisions, mais n'était pas très organique.

La seconde interprétation, appelée "cosmologie physique", était basée sur le travail "*De Caelo*" d'Aristote. Cette interprétation était anthropocentrique et était logiquement cohérente. Malheureusement, il ne pouvait pas expliquer certains phénomènes physiques, donc ce n'était pas cohérent sur le plan pratique.

Au Moyen Âge, l'Église soutenait le système ptolémaïque par la philosophie scolastique. En fait, ce système est illustré par Dante Alighieri dans la *Divine Comédie*.

La révolution copernicienne

La révolution copernicienne débute en 1543. En cette année, Mikołaj Kopernik publie le "*De revolutionibus orbium coelestium*" (Les révolutions des corps célestes).

Mikołaj Kopernik était un astronome polonais né à Toruń le 19 février 1473 et décédé à Frombork le 24 mai 1543 (*figure 4*).

Son nom a été traduit en italien sous le nom de Niccolò Copernico.

Copernicus a remplacé le système géocentrique de Ptolémée par un système héliocentrique. Tandis que Ptolémée plaçait la Terre au centre de tout, Copernic plaçait le Soleil au centre de l'univers.

Même pour Copernic, l'univers est plein et a des frontières. Mais au centre de tout, il y a le Soleil. La Terre n'est pas immobile, mais tourne autour du Soleil.

Il convient de noter que la théorie de Copernic est inspirée de l'héliocentrisme d'Aristarchus, un astronome grec qui a vécu à Samos entre 310 et 230 av. environ. Ainsi, Copernicus n'a pas été le premier à soutenir la centralité du Soleil, mais Copernic a été le premier à démontrer la centralité du Soleil au moyen de procédures mathématiques.

Le livre de Copernic, "De revolutionibus", avait initialement une diffusion très limitée, même parmi les experts, c'est-à-dire dans les environnements mathématique et astronomique de l'époque. Quelqu'un a jugé le livre avec mépris. Ce biais a continué jusqu'à récemment. En 1959, le philosophe Arthur Koestler écrivit son ouvrage "I sleepwalkers" dans lequel il parle du livre "De revolutionibus" et le définit "... le livre que personne n'a jamais lu".

Pendant plusieurs décennies, la théorie de Copernicus a été largement ignorée par l'établissement de l'époque. Très peu de cours universitaires ont cité la théorie copernicienne avec la théorie ptolémaïque, enseignée régulièrement.

L'Église catholique n'était pas hostile au début. Le "De revolutionibus" a été étudié avec soin par les astronomes et les mathématiciens jésuites. Ceux-ci, cependant, préféraient nettement le système "ticonien", développé par Tycho Brahe entre 1587 et 1588.

Cependant, force est de constater qu'en 1582, certains calculs de Copernicus ont été utilisés dans la réforme du calendrier grégorien.

Le "De revolutionibus" a été inséré par le Saint-Office dans "Index librorum prohibitorum" ou "Index des livres interdits".

Figure 3 - Ptolémée était un astronome et géographe grec qui a vécu à Alexandrie en Egypte entre 100 et 175 après JC. Il a proposé le système dit ptolémaïque ou géocentrique.

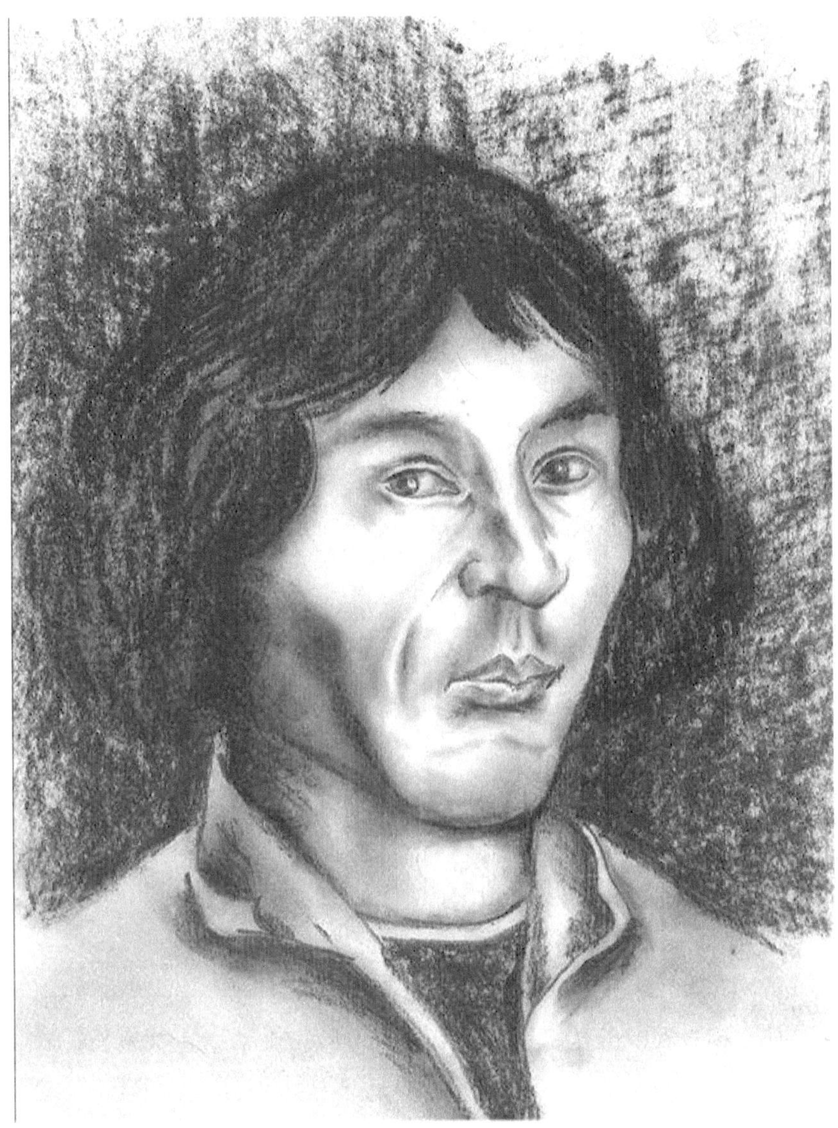

Figure 4 - Niccolò Copernico, astronome et astrologue polonais, a remplacé le système géocentrique de Ptolémée par un système héliocentrique.

Heureusement, cela s'est passé quelques décennies après la publication. Ce retard a permis à la théorie de Copernic de diffuser même les environnements culturels religieux les plus opposés à son idée.

L'affirmation définitive de la théorie héliocentrique est due aux pères de l'astronomie moderne, Galileo Galilei et Isaac Newton. Avant Galilée, Tycho Brahe avait suggéré un compromis entre les modèles ptolémaïque et copernicien en proposant le modèle dit "ticonien". Selon ce modèle, toutes les planètes tournent autour du Soleil, mais le Soleil et la Lune tournent autour de la Terre. Mais Galilée a rejeté cette théorie.

L'importance de Copernic a été reconnue en Angleterre avant d'autres endroits, en particulier grâce à Thomas Digges, qui a soutenu le modèle copernicien dans son essai "A Perfit De-scription of the Caelestial Orbes".

Une autre contribution a été apportée par la publication du livre "La cena delle ceneri" de Giordano Bruno, publié en 1584 à Londres par John Charlewood.

Dans la conclusion du "De revolutonibus", Copernic expose sept points qui résument sa théorie. Je me souviens de quelqu'un:

- Les orbites et les sphères célestes n'ont pas un seul centre.

- Le centre de la Terre n'est pas le centre de l'univers.

- Toutes les sphères célestes tournent autour du Soleil, le centre de l'Univers est donc situé près du Soleil.

- La distance entre la Terre et la hauteur du firmament ne permet pas de percevoir les mouvements des étoiles fixes.

- Tout mouvement apparaissant dans le firmament ne dépend pas du firmament lui-même, mais de la Terre. La Terre tourne autour de ses pôles. Le firmament reste cependant immobile.

Plus tard, certains de ces points seront plus précisément spécifiés par Kepler et d'autres études.

Comparé aux modèles cosmologiques précédents, le modèle copernicien avait une grande signification révolutionnaire. Le philosophe Emmanuel Kant a d'abord inventé le terme "révolution copernicienne". Ce terme littéraire est encore utilisé aujourd'hui, au sens figuré, pour indiquer des processus d'inversion des paradigmes fondamentaux d'un argument.

Tycho Brahe et le système ticonien

Tycho Brahe a développé sa passion pour l'astronomie depuis l'adolescence. Il étudia les textes de l'Antiquité, notamment le "*Almagesto*" de Ptolémée et le "*De revolutionibus*" de Copernic. Cependant, il n'a partagé aucune des deux hypothèses sur la position des planètes.

En fait, l'astronome danois représente un tournant entre les concepts d'astronomie ancienne et moderne. En 1588, Tycho publia "*De mundi aetherei recentioribus phaenomenis*" dans lequel il contesta le système ptolémaïque selon lequel tout tourne autour de la Terre. Il imagine une situation hybride, un système connu sous le nom de "système ticonien". Selon ce système, les planètes tournent autour du Soleil, mais le même Soleil et les autres planètes tournent autour de la Terre. La terre reste immobile au centre du cosmos. (*figure 5*)

Brahe jouissait d'une grande autorité. Par conséquent, dans sa thèse, il favorisait l'abandon du système ptolémaïque. Dans le même temps, sa thèse retarda l'affirmation du système copernicien.

Tychio avait appris de Copernic à l'idée des planètes tournant autour du Soleil, mais il n'avait pas trouvé le courage de confirmer le même principe également pour la Terre.

Cependant, ses études ont été d'une grande aide pour un autre astronome, Kepler. Kepler était l'assistant de Tycho pendant l'exil de Prague. Il tenta de convaincre Brahe d'abandonner le système ticonien pour adopter le système héliocentrique, mais sans résultat.

À la mort de Tycho en 1601, Kepler le remplaça au poste de mathématicien et astronome impérial à Prague.

Thomas Digges et le modèle héliocentrique

Thomas Digges (*figure 7*), astronome et mathématicien britannique, est né à Barnham en 1546, la même année que Tycho Brahe. Ainsi Digges et Brahé étaient contemporains. Même Shakespeare, né en 1564, a vécu à la même époque.

Les origines mathématiques de Digges ont été prises en charge par son père et l'un des mathématiciens les plus célèbres de l'époque, John Dee. Digges a eu le mérite d'être le premier supporter anglais des thèses de Copernic. (figure 6).

En 1572 également, Digges, comme Brahe, put observer la "*Stella nova*". Il publia le journal des observations de la supernova en 1573, dans l'ouvrage "*Alae sive scalae mathematica*". Les observations de Digges n'étaient pas qualitativement inférieures à celles de Brahe. En effet, il semble avoir été plus précis dans le calcul de la position de la supernova.

Digges et Brahe ont noué des liens épistolaires et ont donc eu l'occasion d'échanger leurs points de vue sur les visions respectives de l'univers. Ces visions étaient décidément contrastées. Cependant, ce qui a probablement exacerbé la relation entre les deux, c'est sans doute la grande reconnaissance que Brahe a obtenue pour ses observations du "Stella Nova". En même temps, le travail de Digges était pratiquement ignoré.

Par conséquent, lorsque Shakespeare a identifié la personne de l'astronome Tycho dans l'usurpateur Claudio, il l'a fait pour satisfaire son désir personnel de justice.

L'amitié entre Shalespeare et Digges a certainement joué un rôle. Selon certains biographes, ils vivaient dans la même localité. Probablement entre les deux et entre leurs familles, il y avait une connaissance et les deux se sont rencontrés pour parler des problèmes de l'époque.

Compte tenu de cela, il est possible que Shakespeare ait attribué les rôles de tragédie en utilisant un élément de partisanerie. Tycho, joue le rôle de Claudio, l'usurpateur. Digges prend le rôle de Hamlet, qui a perdu son père et sa mère

Mais le choix de Shakespeare reposait sûrement sur une conviction plus profonde. .

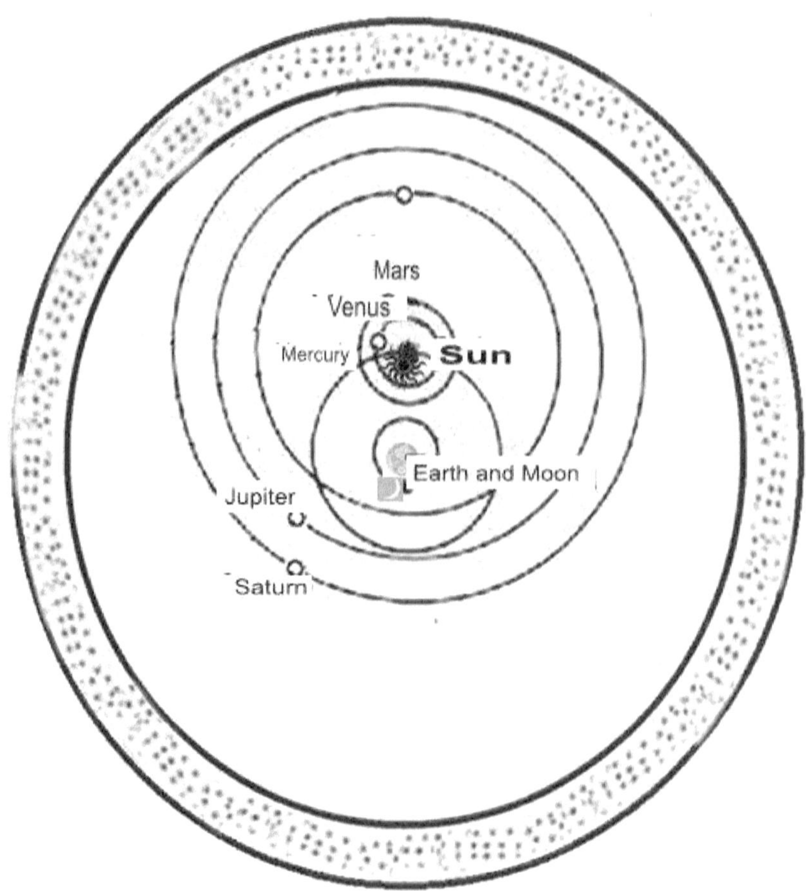

TYCHO BRAHE MODÈLE

La terre est au centre de l'univers. Les planètes tournent autour du soleil. Le soleil tourne autour de la terre.

Figure 5 - La vision de l'univers selon Tycho Brahe, décidément inspirée du modèle ptolémaïque. Les planètes tournent autour du soleil, mais le soleil tourne autour de la Terre, qui reste au centre de tout.

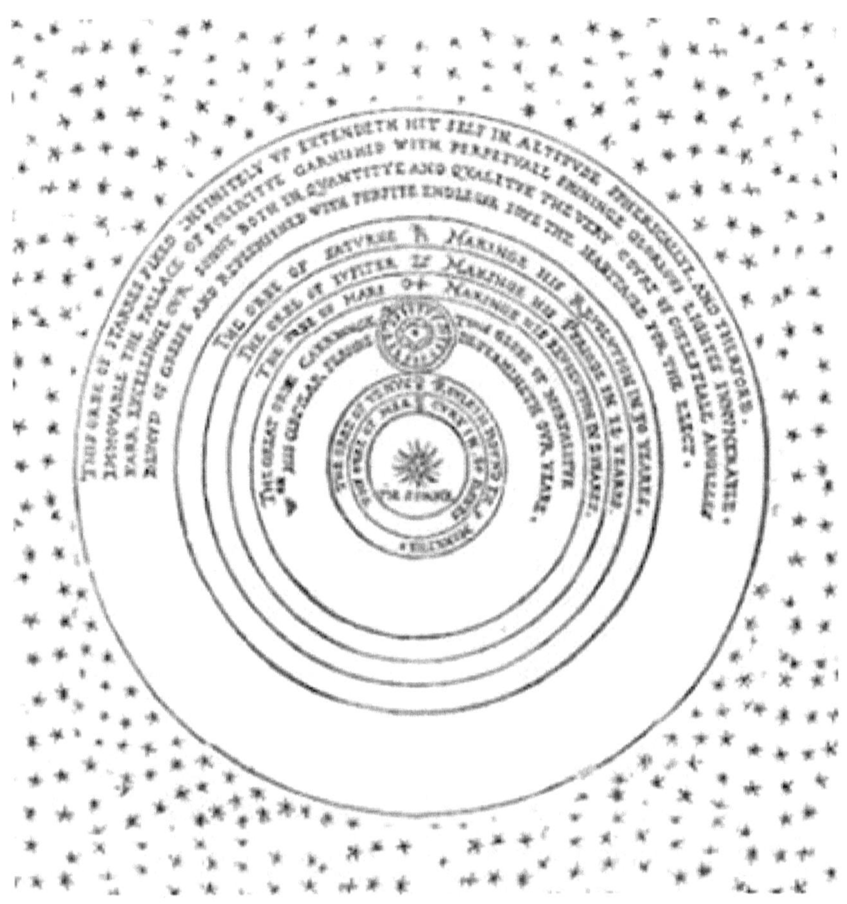

MODÈLE DE THIGAS DIGGES
Le soleil est au centre du système solaire.
Toutes les planètes tournent autour du Soleil. La
Terre tourne également autour du Soleil.

Figure 6 - La vision de l'univers de Digges est résolument co-pernicienne. Le soleil est au centre du système et toutes les planètes tournent autour de lui. Comme les autres planètes, la Terre tourne également autour du Soleil, sur la troisième orbite.

Il croyait que la position de Digges sur la réalité de l'univers était plus correcte que celle de Brahe. Les doutes et les problèmes de Hamlet traduisaient les difficultés de Digges à soutenir sa thèse, considérant que Brahe jouissait d'une plus grande écoute et d'une plus grande considération.

Parmi les dialogues de la tragédie de Shakespeare, celui entre Hamlet et les deux émissaires envoyés par Claudio est pertinent. Les deux veulent convaincre Hamlet que le Danemark est un endroit où il fait bon vivre. Mais le prince déclare:

"Le Danemark est une prison".

Rosencrantz répond:

"Dis ça parce que tu es ambitieux. Le Danemark est un espace trop petit pour un esprit comme le vôtre ".

À quoi Hamlet répond:

"O God, I could be bounded in a nutshell and count myself a king of infinite space".

("Oh, mon Dieu! Je pourrais vivre dans une noix et me considérer toujours comme le seigneur de l'infini.")

Les positions des deux astronomes ressortent clairement de ce dialogue. Tycho pense que tout l'univers est constitué de la Terre en son centre, avec des étoiles qui tournent autour d'elle. Il émet l'hypothèse d'un univers de taille limitée, étroit dans ses frontières.

Digges, au contraire, propose un univers sans limites, où la Terre n'est qu'une planète égale à d'autres infinies. Dans la vision de Digges, l'homme, bien que confiné à une planète insignifiante, peut se sentir maître de quelque chose de beaucoup plus grand, d'un univers infini.

Pour conclure cet excursus dans l'histoire de Hamlet et de son auteur, nous pouvons résumer les termes du dilemme. Évidemment, cela dépassait la narration explicite. Le dilemme qui affligeait Shakespeare était lié à l'essence de l'univers. L'homme vit-il dans un lieu confiné, avec des limites précises ou dans un lieu infini dans toutes les directions?

Certains pourraient penser qu'il s'agit d'un différend du XVIe siècle, c'est-à-dire quelque chose qui n'a plus d'importance. Eh bien, il a très tort. Ce différend n'a pas encore été résolu.

"De l'infinito, universo e mondi"

*L'homme n'a pas de limites. Quand il réalisera cela, il
aura gagné la liberté
dans tous les mondes.*
(Giordano Bruno, philosophe)

Giordano Bruno, le philosophe de l'infini

Alors, l'univers at-il une limite ou est-il infini? Pour approfondir la controverse sur la taille de l'univers, nous ne pouvons pas ignorer un personnage qui n'a pas hésité à prendre part à la discussion en sachant qu'il mettait sa vie en jeu. Je parle de Giordano Bruno (figure 8). Bruno n'étant ni scientifique ni astronome, il aborda le sujet sous un angle totalement différent. C'était un religieux catholique de l'ordre dominicain.

Bruno était un contemporain de tous les autres personnages mentionnés ci-dessus. Il est né en 1548 et est décédé en 1600. Cependant, il est peu probable qu'il ait eu des relations culturelles avec les personnages mentionnés, car il vivait dans des endroits différents.

Sa condition religieuse et les environnements dans lesquels il a publié ses idées ne lui ont pas permis de jouir de la liberté de pensée dont jouissaient Copernic et Digges.

Bruno s'est heurté toute sa vie aux idées de la théologie catholique. Ces idées ont définitivement vaincu le philosophe le 17 février 1600, lorsqu'il a été incendié sur le bûcher de la Piazza Campo dei Fiori à Rome.

Le vrai prénom de Bruno était Filippo. Il avait reçu ce nom pour honorer l'héritier du trône d'Espagne Philippe II.

En ce qui concerne ses origines, Bruno donne ces informations lors des interrogatoires auxquels il a été soumis. Je rapporte l'information avec la langue merveilleuse de l'Italie 1600. C'est la langue que Bruno utilise dans la rédaction de ses livres et qui est conservée dans les publications encore aujourd'hui:

"Io ho nome Giordano della famiglia di Bruni, della città de Nola vicina a Napoli dodeci miglia, nato ed allevato in quella città, e più precisamente nella contrada di San Giovanni del Cesco, ai piedi del monte Cicala, forse unico figlio del militare, l'alfiere Giovanni, e di Fraulissa Savolina, nell'anno 1548, per quanto ho inteso dalli miei".

(Mon nom est Giordano et j'appartiens à la famille Bruni. Je suis né en 1548 à Nola, dans le district de San Giovanni del Cesco, à douze milles de Naples, au pied du mont Cicala. Je suis peut-être le fils unique d'un militaire, "Alférez "Giovanni et de Fraulissa Savolina. C'est ce qu'ils m'ont dit de mes origines).

La philosophie de Bruno se concentrait sur l'idée d'un univers infini. L'univers devait être infini en tant que dérivation d'un Dieu infini. Par conséquent, ce Dieu devait recevoir un amour infini. L'univers était composé d'un nombre infini de mondes.

En 1565, Bruno entra au couvent en tant que novice avec les frères dominicains. À l'âge de 18 ans, le 16 juin 1566, il entra définitivement dans l'ordre religieux. À cette occasion, il renonça à son nom original de Filippo, tel qu'imposé par les préceptes dominicains, et prit le nom de Giordano.

Compte tenu de ses témoignages, nous comprenons que la raison pour laquelle il a choisi de porter l'habit dominicain n'était pas son intérêt pour la vie religieuse.

Il voulait profiter de la richesse culturelle qu'il trouverait dans le couvent. En fait, il a beaucoup souffert de la pauvreté culturelle typique des environnements populaires de l'époque.

La première fois qu'il entra dans la petite salle de son couvent, il jeta toutes les images des saints qu'il avait trouvés. Il n'a gardé que le crucifix.

Figure 7 - Thomas Digges a été le premier supporter anglais des thèses de Copernicus. L'astronome polonais, soutenu par Digges, a placé la Terre en mouvement autour du Soleil.

Figure 8 - Contrairement à la vision de l'époque, dans son ouvrage "De L'infinito", Bruno soutient l'infini de l'univers et l'existence d'un nombre infini de mondes. Il fut jugé par l'Inquisition le 17 février 1600 et fut ensuite brûlé sur le bûcher de Rome à Campo dei Fiori.

Dans le couvent de San Domenico Maggiore, il était possible de puiser dans une vaste culture. Bruno savait que le couvent avait une très riche bibliothèque. Mais il était très contrarié d'apprendre qu'il était interdit d'utiliser les livres d'Erasme de Rotterdam. Il n'a pas arrêté de les lire. Il a obtenu les livres interdits et les a étudiés en secret.

Ainsi, son éducation profite à des auteurs souvent interdits à un frère dominicain. Entre autres Aristote et Thomas d'Aquin, mais aussi Marsilio Ficino, Raimondo Lullo et Nicola Cusano.

Malheureusement, son indépendance de pensée est allée trop loin pour un frère lorsqu'il est venu soulever des doutes sur le dogme de la Trinité.

Il a été dénoncé devant le supérieur provincial Domenico Vita, qui a institué un procès contre lui sous l'accusation d'hérésie. Bruno a quitté Naples et s'est installé à Rome. Dans cette ville, il abandonna l'habit dominicain et reprit son nom d'origine, Filippo.

À partir de ce moment, Bruno effectua d'innombrables voyages, principalement à l'étranger.

Son évasion a pris fin à Venise. Il s'était imprudemment rendu dans cette ville à la demande du doge Giovanni Mocenigo. Il l'avait attiré avec une demande d'éducation. Il prétendait vouloir étudier l'astronomie et l'art de la mémorisation, dont Bruno était un expert. Malheureusement, Mocenigo était un agent de l'inquisition. Le 23 mai 1592, Bruno est arrêté et transféré dans des prisons romaines.

Giordano Bruno et son idée de l'infini

Bruno exprime son idée de l'infini dans divers ouvrages, mais le plus significatif est "*De L'infinito, universo e mondi*", publié à Londres en 1584.

Selon la théorie dominante de l'époque à laquelle il a vécu, l'univers était un lieu aux dimensions finies, avec la Terre en son centre. Le Soleil et les autres planètes constituaient plutôt un système de sphères tournant autour de la Terre. À la surface de la dernière sphère, il y avait les étoiles fixes. Ces étoiles étaient des objets inconnus. Personne ne connaissait les limites de leur extension. Personne ne savait ce qu'il y avait au-delà des étoiles fixes. Mais personne n'a pris la peine d'en apprendre plus sur les étoiles fixes, car cela n'aurait servi à rien.

Après tout, encore aujourd'hui, très peu de gens se demandent ce qui était avant le Big Bang. Tout ce qui peut intéresser l'homme est contenu dans les limites du temps et de l'espace. Ces deux dimensions n'existaient pas avant le Big Bang. Nous n'avons pas d'outils pour représenter une réalité sans espace ni temps. Donc, à l'époque de Bruno, le seul objet digne d'intérêt était la Terre, d'autant plus qu'il représentait le centre de tout.

Contrairement à cette vision, dans son ouvrage "*De L'infinito, universo et mondi*", Bruno avance une hypothèse différente, composée d'un nombre infini de mondes. Dans le "*Premier dialogue*" de ce travail, Bruno maintient que l'univers est infini, parce que Dieu qui l'a généré est infini.

"Così si magnifica l'eccellenza de Dio, si manifesta la grandezza dell'imperio suo: non si glorifica in uno, ma in Soli innumerevoli; non in una Terra, in un mondo, ma in ducento mila, dico in infiniti".

"La grandeur de Dieu se manifeste dans sa création. Cela ne consiste pas en une seule planète Terre, mais en des planètes infinies comme la Terre. Il ne se manifeste pas dans un seul soleil, mais dans un nombre infini d'étoiles comme le soleil. "

Auparavant, Bruno avait écrit l'opéra "La Cena de le ceneri". Cet ouvrage, publié à Londres en 1584, est un dialogue philosophique sur la nature. Dans ce volume, Bruno se réfère à la théorie copernicienne. Il propose un univers dans lequel le divin est omniprésent et où la matière change constamment mais est éternelle.

L'univers imaginé par Bruno est infiniment étendu, composé d'un nombre infini de systèmes solaires semblables à celui que nous connaissons.

L'un des personnages du livre s'appelle Filoteo et c'est lui qui exprime les opinions de l'auteur. Filoteo conteste l'idée d'Aristote concernant un univers fini. Filoteo (Bruno) affirme que si l'univers d'Aristote est fini, il ne peut pas exister. Un autre personnage, Fracastorio, confirme la thèse de Filoteo en utilisant une citation en latin:

FRACASTORIO. *Nullibi ergo erit mundis. Omne erit in nihilo.*

(Donc le monde n'est nulle part. Tout n'est rien, tout est zéro.)".

Bruno a inclus dans l'ouvrage "*De l'infinito, universo e mondi*" trois poèmes. Ici, je cite le dernier. Cette composition n'est pas un simple exercice poétique. Les versets sont un message prophétique adressé aux persécuteurs qui mettront fin à sa vie courageuse:

"E chi mi impenna, e chi mi scalda il core?
Chi non mi fa temer fortuna o morte?
Chi le catene ruppe e quelle porte,
Onde rari son sciolti ed escon fore?
L'etadi, gli anni, i mesi, i giorni e l'ore
Figlie ed armi del tempo, e quella corte
A cui né ferro, né diamante è forte,
Assicurato m'han dal suo furore.
Quindi l'ali sicure a l'aria porgo;
Né temo intoppo di cristallo o vetro,
Ma fendo i cieli e a l'infinito m'ergo.
E mentre dal mio globo a gli altri sorgo,
E per l'eterio campo oltre penetro:
Quel ch'altri lungi vede, lascio al tergo".

"Je me sens en sécurité contre toute dispute.
Je déploie mes ailes et peux voler en toute
sécurité.
Je domine les cieux de la liberté.
Je vois bien au-delà de ceux qui me défient.

Leurs visions sont limitées.
Par conséquent, pendant que je vole, je leur
montre leur dos. "

Questions d'éthique

*Il existe un concept qui corrompt et confond tous les
autres. Je ne parle pas du Mal dont l'empire limité est
l'éthique;
Je parle de l'infini.
(Jorge Luis Borges, écrivain et poète argentin)*

Selon la philosophie de Giordano Bruno, l'univers copernicien dans lequel nous vivons et tous les autres univers infinis sont placés dans un espace infini et homogène "*che chiamar possiamo liberamente vacuo*", c'est-à-dire vides. En cela, la pensée de Bruno coïncide avec celle de Tito Lucrezio Caro, exprimée dans le poème "*De rerum natura*", écrit au Ier siècle avant notre ère.

Lucrèce affirme que l'univers n'est composé que d'atomes (en référence à l'atomisme de Démocrite). Les atomes se déplacent à travers l'univers entier dans une dimension infinie, c'est-à-dire la vacuité. Lucrèce affirme notamment que même l'âme de l'homme est composée d'atomes et que ceux-ci, lorsque le corps meurt, sont dispersés pour être réutilisés par la nature.

D'autres, au contraire, affirment que l'univers est fini, à la fois dans le temps et dans l'espace. La théorie du Big Bang, actuellement reconnue comme valide, décrit un univers initialement enfermé dans un point infinitésimal. Suite à une explosion géante, l'espace commence à se développer et continue de le faire. L'expansion de l'espace a une limite précise, mesurable en années-lumière depuis le Big Bang. Cela délimite non seulement l'espace mais aussi le temps. Une fois que l'univers était un point égal à zéro, c'est aujourd'hui une bulle prolongée de milliards d'années-lumière. À l'avenir, peut-être, il élargira ses frontières en s'étendant même pour des milliards d'années-lumière.

Selon la théorie du Big Bang, on pourrait dire que l'univers n'est pas infini car il a un début et une fin dans l'espace et dans le temps.

Par conséquent, personne ne peut dire aujourd'hui si l'univers est fini ou infini, mais la question n'est pas indifférente sur le plan éthique.

Les problèmes d'un univers infini

Beaucoup de lecteurs ont sûrement eu l'occasion d'acheter des produits vendus et promus par des organisations connues sous le nom de "commerce équitable".(Fair Trade)

Le "commerce équitable" est une forme de commerce international qui vise à garantir aux producteurs et aux travailleurs des pays en développement un traitement économique équilibré et respectueux de leurs besoins vitaux.

Théoriquement, si vous achetez une livre de café dans un magasin "commerce équitable", vous aidez une communauté située dans un pays pauvre et producteur. Cette communauté cultive, collecte et commercialise le café de manière indépendante. De cette façon, les agriculteurs sont libérés de l'exploitation des entreprises, souvent des multinationales. Comme on le sait, ces grandes entreprises achètent souvent des produits du tiers monde en payant le prix de la faim.

Si vous achetez un objet d'artisanat, un produit alimentaire ou un autre bien, vous donnez une impulsion à cette initiative et, finalement, vous faites "une bonne action". Vous contribuez à augmenter le taux d'altruisme dans un monde souvent dominé par le mal, l'égoïsme et les affaires. Par conséquent, chacun d'entre nous, aidant le commerce équitable, croyons que nous augmentons la composante de bonté de l'univers.

Mais en sommes-nous vraiment sûrs?

En fait, si l'univers est fini, c'est-à-dire s'il est contenu dans un espace limité, le bien et le mal sont également présents dans l'univers en quantités finies. Dans un univers fini, le bien et le mal sont des quantités mesurables. Par conséquent, avec notre générosité, nous augmentons réellement la quantité de bien en ajoutant notre goutte d'eau à une mer vaste mais que l'on peut définir dans son immensité.

Inversement, si l'univers est infini, il contient déjà une quantité infinie de bien. Par conséquent, aucune bonne action ne peut l'augmenter.

Dans un univers infini, lorsque nous achetons une livre de café, d'innombrables personnes achètent des quantités infinies du même café dans d'innombrables magasins du commerce équitable.

Notre achat n'augmente pas la quantité totale de café que les communautés productrices sans fin peuvent vendre. Notre achat n'a aucune influence sur le budget global des producteurs de café pauvres.

De plus, l'univers infini contiendrait également une quantité infinie de mal et, par conséquent, aucune de nos mauvaises actions ne pourrait augmenter le mal de l'univers. Par conséquent, si nous faisons de bonnes œuvres, nous n'aurions aucun mérite. Mais en faisant de mauvaises actions, de quoi serions-nous coupables? Nous ne serions certainement pas coupables d'augmenter le "mal" du monde.

En vérité, nous pouvons affirmer que l'éthique considère et valorise les actions individuelles dans leur sens intrinsèque, et ne mesure pas les conséquences nulles qu'elles auraient dans un univers infini.

Ce n'est pas une grande consolation. De plus, personne n'admettra jamais que nous pouvons tuer une personne, avec l'excuse que dans un univers infini, il existe néanmoins des copies infinies.

Si nous tuons une personne dans un univers infini, cela n'aura aucune pertinence car cette personne sera tuée d'innombrables fois de manière infinie.

Du point de vue de chaque religion ou philosophie, mais aussi selon une logique commune, il est absolument souhaitable que l'univers soit fini. Un univers clairement délimité, même s'il était inséré dans un espace infini, serait plus apaisant pour tous.

En conclusion, si le cosmos devait être infini, la possibilité de vivre dans un coin bien circonscrit, comme dans une coquille de noix, serait certainement préférable.

L'infini dans un espace fini

Imaginez un piano. Les touches commencent et finissent. Vous savez que les clés sont 88, vous n'avez pas de doute. Les clés ne sont pas infinies. Mais vous êtes infini, et grâce à ces touches, vous pouvez jouer une musique sans fin. Les touches sont 88, mais vous êtes infini.
(Alessandro Baricco, écrivain italien)

Un rêve prémonitoire

Il y a quelques années, en effectuant des recherches sur le Web, je suis tombé sur le blog d'une dame anglaise. Malheureusement, je ne me souviens pas de son nom exactement. Une page du blog m'a particulièrement frappé. Dans le texte, la dame a raconté une anecdote qui intéressait sa mère âgée, que nous appellerons Margaret pour plus de commodité. Margaret avait l'habitude d'assister à des conférences données par des personnages plus ou moins connus, quel que soit le sujet traité. Dans les jours qui ont suivi chaque conférence, Margaret a transcrit ses impressions dans son journal personnel. À partir de ce journal, la fille avait repris l'épisode que je raconte ci-dessous.

Dans les années 1960, Margaret eut l'occasion d'assister à une conférenc-conversation. Parmi les autres intervenants figurait un jeune homme qui venait juste d'obtenir son diplôme en sciences naturelles et qui a siégé au Trinity Hall de Cambridge. Il s'appelait Stephen Hawking (figure 1).

A cette époque, le sujet de plus grand intérêt dans ce type de réunions était l'origine de l'univers. Les débats ont presque toujours porté sur le Big Bang. En effet, à l'époque, cette théorie n'était pas encore acceptée par tous. À la fin de la réunion, les orateurs ont rencontré le public et Margaret a demandé au jeune Stephen, qui l'avait impressionnée par son habilité à discuter, comment sa passion pour l'astronomie était née. Hawking était encore jeune et ne voulait certainement pas décevoir son université qui avait organisé la réunion. Par conséquent, il n'a pas donné de réponse hâtive à Margaret, mais il lui a raconté un épisode de sa vie d'enfant. Comme toujours, l'épisode relaté par Hawking était écrit dans le journal de Margaret.

À l'âge de cinq ou six ans, le petit Étienne était présent lors d'une conversation entre ses parents, Frank et Isobel, et un personnage distingué. Stephen a également écouté la conversation et a été frappé par une dispute curieuse. L'interlocuteur inconnu a dit, à un moment donné, que si quelqu'un voulait réussir dans la vie, il devrait révéler un mystère non résolu, par exemple l'infini de l'univers ou l'interprétation correcte de l'Apocalypse.

Cette déclaration a impressionné Stephen. Bien qu'il soit très jeune, le feu sacré de la connaissance et l'ambition de s'affirmer dans la vie étaient déjà présents en lui.

Il a rapidement rejeté l'option Apocalypse. Comme c'était un livre sacré, il n'aurait pas su l'obtenir. Il savait qu'il ne pouvait même pas demander le livre à son père, car l'homme n'était pas intéressé par les questions religieuses.

Par conséquent, il décida de découvrir le mystère de l'infini. À partir de ce moment, il commença à scruter le ciel chaque fois qu'il en avait l'occasion. Le ciel était un excellent livre gratuit, et il pouvait être lu sans la permission de qui que ce soit.

De nombreuses années plus tard, une nuit, Stephen s'endormit, méditant sur le problème de l'infini et réalisa un rêve surprenant. Il voyait l'univers comme une gigantesque roue constituée de fragments lumineux, qui tournaient lentement sur elle-même, à la manière d'un kaléidoscope géant.

À ce moment-là, dans le rêve, il eut la sensation évidente d'avoir compris ce qu'est l'univers. La vérité était devant ses yeux. Il avait révélé le secret de l'univers infini. Il lui suffisait d'étendre la main pour saisir ce mystère et le saisir. Tout était très clair dans l'esprit du jeune Hawking, sans aucun doute.

Malheureusement, à son réveil, il réalisa avec une grande déception que la vérité, si rapidement comprise, lui échappait aussi rapidement.

Certes, un grand rouet sans début ni fin, il peut donc être considéré comme infini. Cependant, le mystère n'est pas résolu. Le problème reste toujours de savoir ce qui se trouve au-delà des limites extérieures de la roue.

Stephen avait le sentiment amer d'avoir trouvé l'explication de l'univers infini mais d'avoir perdu l'explication immédiatement après.

Cette prise de conscience lui a fait vivre le reste de sa vie avec le désir de retrouver cette vérité.

Nous pouvons accepter certaines hypothèses. L'histoire racontée par Margaret est vraie. La fille de Margaret a correctement retranscrit l'histoire sur son blog. Mes souvenirs m'ont permis de reconstruire l'histoire correctement. Ces prémisses sont vraies. Pourquoi ne devraient-ils pas être vrais? Sur la base de ces prémisses, on peut dire que le rêve du jeune Stephen était un épisode de synchronicité. Le rêve était synchronicité car il anticipait une mission confiée à un grand homme.

Cette synchronicité a impliqué et inspiré le jeune Stephen. Il a pu anticiper le mystère qu'il poursuivrait tout au long de sa vie, après l'avoir entrevu un instant.

Entre Hawking et l'infini, une relation a été établie comme celle entre *Narciso et Boccadoro* dans le roman du même nom de Hermann Hesse:

"Notre tâche n'est pas d'approcher, tout comme le soleil et la lune, ou la mer et la terre ne s'approchent pas. Nous deux, cher ami, nous sommes le soleil et la lune, nous sommes la mer et la terre. Notre tâche n'est pas de nous transformer l'un l'autre. Notre objectif est plutôt de faire connaissance. Nous devons apprendre à voir et à respecter ce qu'il est dans l'autre. Nous sommes réciproquement opposés et complémentaires ».

Le concept de roue permet d'évaluer le mystère de l'infini d'un point de vue insoupçonné pour notre façon de penser. Nous concevons le temps et l'espace selon une représentation linéaire, comme dans la partie supérieure de la figure 9. Le temps et l'espace ont commencé et continuent le long d'une ligne infiniment longue.

En fait, vous pouvez ajouter une unité à chaque nombre pour l'augmenter à l'infini. De la même manière, une autre ligne peut être ajoutée à chaque ligne pour un nombre infini de fois.

Comme le montre la figure ci-dessous, la représentation circulaire de l'espace-temps permet d'imaginer une suite d'événements finis mais en même temps infinis. Les parties de la roue sont exemptes de tout début et de toute fin.

La configuration circulaire de l'espace-temps permet également d'établir un lien entre le rêve que nous venons de raconter et certaines interprétations philosophiques de l'infini.

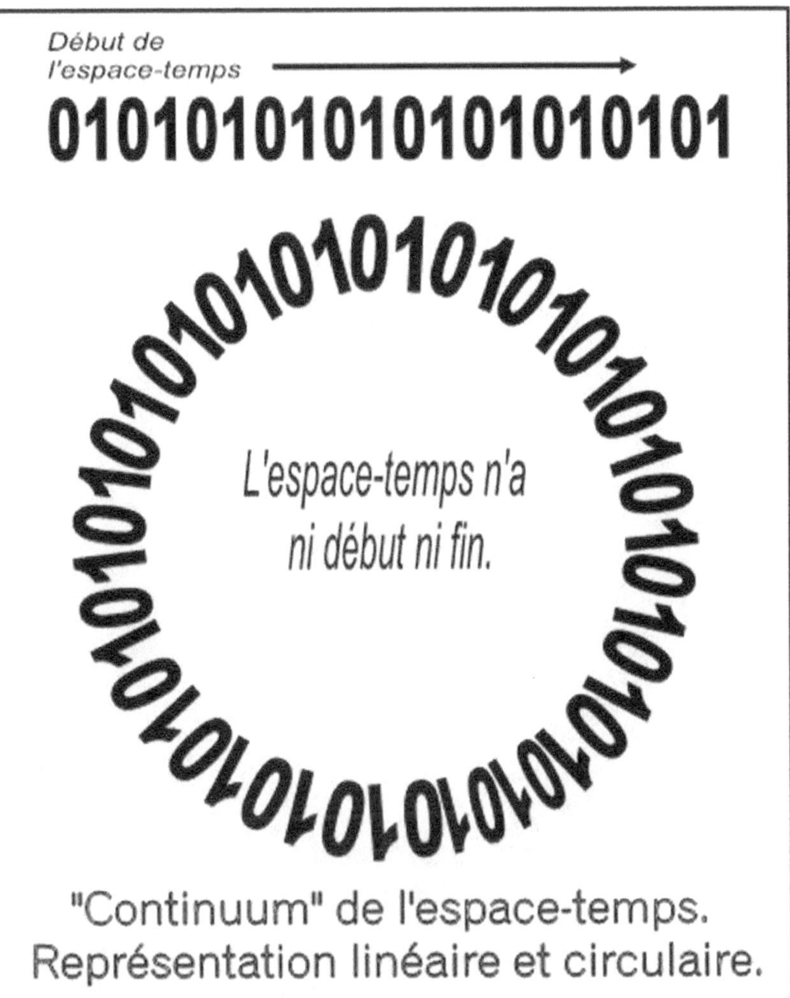

Figure 9 - Continuum d'espace temporel. Au-dessus de la re-présentation linéaire, où l'espace-temps a un début et avance à l'infini. En dessous de la représentation circulaire, où il n'est pas possible d'identifier ni le début ni la fin. Le cycle circulaire se répète éternellement.

Figure 10 - Quelques mandalas. Généralement ces représentations sont colorées.

Stephen s'est sûrement longtemps interrogé sur la multitude d'objets colorés en rotation, disposés selon une forme circulaire. À la fin de ses réflexions, il réalisa que ce dont il avait rêvé était un *mandala*.

Le mandala

Il existe un signe symbolique dans presque toutes les cultures et à tout moment: en sanscrit, son nom est "*mandala*", un mot qui peut être traduit par "*cercle*". Aujourd'hui, "mandala" est le terme universellement répandu pour désigner des figures similaires à celles de la figure 10. Un mandala est également reproduit sur la couverture du livre. Dans la plupart des cas, il s'agit de figures colorées.

Le symbole du cercle doté de pouvoirs spéciaux est déjà présent à l'aube de l'humanité. Le premier mandala connu est une roue du soleil datant du paléolithique de l'Afrique australe. Les cercles de pierre néolithiques, tels que Stonehenge, sont bien connus.

De plus, même le symbole de la spirale, purement mandalique, est présent partout. Dans les représentations symboliques des peuples néolithiques, la spirale représente le Soleil, source de la vie.

Dans l'élaboration symbolique du mandala, le fait que des formes mandaliques soient présentes partout dans la nature a certainement influencé. Ceci est particulièrement vrai dans le domaine de la biologie. Les formes de fleurs, d'arbres et de nombreux animaux rappellent la forme circulaire du mandala. De nombreuses parties d'organismes biologiques, tels que les yeux, rappellent également la forme du mandala.

Mais la figure du mandala marque tout l'univers, car on la trouve dans les galaxies, dans la forme et la rotation des planètes, dans les orbites des comètes et des astéroïdes et même dans l'horizon des trous noirs.

Une recherche a récemment été menée dans les universités de Northwestern, Harvard et Yale, dans le secteur des particules subatomiques.

Les équipes d'étude ont mené des expériences pour examiner la forme de l'électron. La conclusion était que l'électron est parfaitement rond. Dans sa déclaration finale, Gerald Gabrielse, qui a coordonné les recherches des trois universités, a déclaré:

> "Nos recherches sont très significatives d'un point de vue scientifique, car elles confirment le modèle standard de la physique des particules et excluent les modèles alternatifs.
>
> Tout modèle alternatif aurait nécessité des approches différentes pour l'étude de la matière et de l'antimatière. "

Selon l'hindouisme et le bouddhisme, dans n'importe quelle forme circulaire, il est possible de voir un mandala. Dans ces philosophies orientales, le mandala a souvent des pouvoirs de protection et constitue une source de guérison.

En Occident, l'idée du cercle protecteur se retrouve dans de nombreuses danses folkloriques, ainsi que dans le cercle des enfants.

Parmi les peaux rouges d'Amérique, les roues de la médecine sont très répandues. Ce sont des cercles de pierre au centre desquels sont placés les personnes en quête de guérison.

Alce Nero était un chaman ou un homme de médecine de la tribu des Sioux de l'Oglala. Dans une série d'interviews recueillies par deux journalistes, John G. Neihardt et Giuseppe Epes Brown, Alce Nero raconte son expérience et sa spiritualité. Dans l'une de ces interviews, il déclare:

"Toutes les choses faites par le" pouvoir du monde "se font en cercle. La voûte du ciel est ronde. La Terre est ronde comme une balle. Toutes les étoiles sont rondes. Le vent, à son apogée, tourne comme un vortex. Les oiseaux font leurs nids dans une forme circulaire. Le soleil, qui est rond, se lève et s'abaisse le long du cercle du ciel. La lune fait de même. Même les saisons forment un grand cycle circulaire dans leur succession. "

Jung et les Mandalas

Carl Gustav Jung (figure 11) s'est consacré à l'étude du mandala pendant vingt ans. Pendant ce temps, il a écrit quatre essais sur le sujet. Dans ses mémoires, Jung raconte:

"Chaque matin, je dessinais dans un cahier une petite figure circulaire, un mandala. Le

> dessin tracé devait correspondre à mon état intime. Un peu à la fois, j'ai découvert ce qu'est réellement le Mandala. Le Mandala représente le Soi, la personnalité dans son intégralité. Un mandala harmonique représente l'harmonie de la personne, quand tout va bien. "

L'intérêt de Jung pour ce symbole doit être placé dans le contexte de ses théories sur l'inconscient collectif et sur les archétypes.

Selon Jung, l'homme a une conscience individuelle et un inconscient individuel. Cependant, au-delà, l'homme peut dialoguer avec l'inconscient collectif. L'inconscient collectif est un "conteneur psychique" extérieur à l'homme. Dans l'inconscient collectif, il y a la connaissance et les expériences de toute l'humanité, mémorisées sous la forme d'archétypes. Les archétypes ont trois caractéristiques principales:

- **Les archétypes sont universels**, c'est-à-dire qu'ils sont un trésor de toute l'humanité.

- **Les archétypes sont impersonnels**, c'est-à-dire qu'ils sont indépendants de la conscience des individus.

- **Les archétypes sont héréditaires**, c'est-à-dire que tous peuvent les utiliser librement.

Selon Jung, la partie inconsciente de l'homme peut être examinée de deux manières:

- **L'inconscient personnel** contient avant tout les complexes qui gèrent l'intimité personnelle de la vie psychique.

- **L'inconscient collectif** contient les représentations appelées archétypes. Souvent, ces archétypes se manifestent à travers des rêves. En fait, les rêves sont le meilleur endroit où la narration est libre de la volonté et de l'expérience de ceux qui rêvent. Personne ne peut décider quel rêve faire.

Dans son livre *"Der Mensch und seine Symbole"*, Jung déclare:

> "Le Mandala est l'archétype de l'ordre intérieur. La figure circulaire exprime le fait qu'il y a un centre et une périphérie. La périphérie tente d'embrasser le tout. Le cercle mandalique est le symbole de la totalité.
>
> Lorsque, dans la psyché du patient, il y a un grand désordre et du chaos, le symbole mandalique peut apparaître dans les rêves, ou dans des fantasmes ou des dessins libres. Le Mandala apparaît spontanément. Dans ces cas, le mandala est un archétype qui compense le désordre. Le mandala peut porter la commande ou il peut montrer la possibilité de la commande ... ".

La théorie de Jung sur l'inconscient collectif a été contestée par beaucoup. Face aux doutes de ses collègues, Jung a soutenu sa thèse avec ces arguments:

> "L'homme a développé sa conscience lentement et péniblement. C'est un processus qui a

conduit, après de nombreux siècles, à la civilisation. Le début de la civilisation est identifié à l'invention de l'écriture, vers 4000 av.

Cependant, l'évolution de l'espèce humaine n'est pas complète, car de nombreux aspects du fonctionnement de l'esprit sont encore plongés dans les ténèbres. Ce que nous appelons "psyché" ne correspond pas du tout à la conscience et à son contenu.

Quiconque nie l'existence de l'inconscient suppose que notre connaissance actuelle de la psyché soit totale. Cette opinion est fausse. Même l'hypothèse que nous savons tout ce qu'il y a à savoir sur l'univers est fausse. Notre psyché fait partie de la nature inconnue et les énigmes de la psyché sont infinies.

Par conséquent, il est impossible de définir à la fois le psychisme et la nature. Nous ne pouvons décrire que le peu que nous comprenons de la nature et de la psyché.

Nous ne pouvons décrire leur fonctionnement que sur la base du peu que nous connaissons.

Figure 11 - Carl Jung a élaboré la théorie de l'inconscient collectif et celle de la synchronicité.

Figure 18 - Wolfgang Pauli, physicien, lauréat du prix Nobel de 1945, a beaucoup travaillé avec Carl Jung. Les deux scientifiques ont cherché une méthode pour unifier les rôles de la matière et de la psyché dans l'univers.

Par conséquent, il existe des fondements logiques considérables pour rejeter des affirmations telles que celles selon lesquelles "l'inconscient n'existe pas". Au-delà de cela, la recherche médicale accumule de nombreuses preuves.

L'idée qu'une plante ou un animal s'invente nous fait rire. Pourtant, beaucoup pensent que la psyché ou l'esprit s'est inventé et a créé sa propre existence par lui-même. "

En réalité, l'esprit a atteint sa phase actuelle de prise de conscience de la même manière que le gland se transforme en chêne. Au même nœud, les sauriens sont progressivement devenus des mammifères. L'esprit a continué à se développer pendant une très longue période. L'esprit continue à se développer. En conséquence, nous, êtres humains, sommes soumis à la fois à l'action de forces intérieures et à l'action de stimuli extérieurs.

Ces forces proviennent d'une source profonde, qui n'est pas constituée par la conscience. Ce sont des forces qui ne sont pas contrôlées par la conscience.

Dans la mythologie primitive, ces forces étaient appelées "mana" ou "esprits, démons et divinités". De nos jours, ces forces sont actives comme elles l'ont toujours été par le passé. Si ces forces se conforment à nos désirs, nous les considérons comme des sentiments positifs ou des impulsions et nous nous félicitons d'être aimées par le destin.

Si au contraire, ces forces s'opposent à nous, nous disons que nous sommes persécutés par malchance. Parfois, nous disons que certaines personnes nous veulent terriblement. Nous pensons également que la cause de nos malheurs peut être pathologique. La seule chose que nous refusons d'admettre, c'est que nous sommes à la merci de "forces" que nous ne pouvons pas contrôler ...

... Il n'y a pas de différence de principe entre développement organique et développement psychique. La psyché crée ses propres symboles, tout comme la plante produit la fleur. Chaque rêve constitue une preuve de ce processus ».

Selon Jung, il peut arriver que, dans les rêves, des figures mandaliques apparaissent, en particulier pendant les périodes de souffrance psychique plus grandes. Ces chiffres sont destinés à établir un ordre interne. La figure du mandala exerce une action positive, car elle représente une rationalisation, une "réorganisation" des tensions.

En fait, le mandala est composé d'un centre précis et de contours fiables. Les signes à l'intérieur sont répartis de manière géométrique.

Les limites du mandala délimitent une zone de sécurité où le rêveur est sous une protection magique. Abrité par le cercle de protection, presque comme un nouvel utérus, l'homme est à l'abri de toute attaque extérieure. Dans ces limites, il se sent en sécurité et retrouve la sérénité nécessaire pour rechercher son centre, c'est-à-dire lui-même.

Au centre du mandala, l'individu retrouve la sécurité qu'il avait perdue ou même la sécurité qu'il ne croyait plus posséder.

Marie Louise Von Franz, élève de Jung, met en évidence un autre aspect qui peut être considéré comme plus important que le rétablissement de la centralité. Selon cet érudit, le mandala est un symbole de "nouveau départ" ou de reprise. La figure du mandala génère la poussée nécessaire pour donner forme à quelque chose qui n'existe pas encore. Le mandala a donc un pouvoir créatif grâce auquel il devient possible d'imaginer de nouvelles propositions et solutions.

Après de longues études, Jung est parvenu à la conclusion que le mandala pouvait être considéré comme un archétype de l'inconscient collectif pour les raisons suivantes:

- **La fréquence**, la constance et la régularité avec lesquelles ces figures apparaissent dans les époques et les civilisations les plus diverses.

- **La présence d'un centre** vers lequel tout le système figuratif est orienté.

La délimitation du mandala a généralement la forme d'un cercle, mais elle peut aussi ressembler à un polygone ou à une croix.

La délimitation consiste souvent en des motifs ornementaux tels que, par exemple, des pétales de fleurs.

Par conséquent, pour Jung, le mandala présente les caractéristiques suivantes:

- **L'ordre et la beauté**. Le mandala représente l'ordre, mais aussi l'esthétique de l'univers.

- **Compensation**. Le mandala compense le besoin de s'immerger dans une dimension qui guérit et dissipe tout désordre.

- **Paix**. Le mandala vous permet de trouver une dimension spirituelle sereine.

- **Mysticisme** Le mandala a un sens mystique quand il place l'homme en son centre. L'homme au centre du mandala est mystiquement situé entre le ciel et la terre. Dans cette position, l'homme aspire à se fondre dans la synthèse de ces deux mondes.

- **Guérir**. Le mandala libère une force de guérison qui ne dépend ni de la volonté ni de la conscience.

- **Propriétés naturopathiques**. Les Mandalas sont des tentatives de la nature pour intervenir de manière curative dans le psychisme des individus. Ils sont la manifestation d'une thérapie naturelle d'origine presque mystique.

Dans le même livre *"L'homme et ses symboles"*, Jung dit:

> "Ces derniers temps, l'homme civilisé a acquis un pouvoir de volonté puissant qu'il applique en toutes occasions. Il a appris à faire son travail efficacement sans l'aide de chants ou de tambours liturgiques. Il n'a plus besoin d'utiliser l'hypnotisme pour agir.
>
> Il peut aussi se passer de la prière quotidienne pour invoquer l'aide divine. Il peut faire

ce qu'il veut de façon indépendante, car il réussit à traduire ses idées en actes. Il peut le faire en toute liberté.

Au lieu de cela, l'homme primitif était toujours conditionné par des peurs, des superstitions et d'autres obstacles invisibles. Ces obstacles se situaient entre l'homme et l'action. Au contraire, la superstition de l'homme moderne est enfermée dans la devise "Vouloir, c'est le pouvoir".

Pourtant, l'homme contemporain paie le prix d'un grave manque d'introspection. L'homme moderne ne voit pas que, malgré toute sa rationalité et son efficacité, il est toujours dominé par des "forces" incontrôlables.

Les divinités et les démons n'ont pas du tout disparu: ils ont seulement changé de nom. Ils maintiennent l'homme dans un état d'agitation incessante. Les divinités et les démons se manifestent à travers des peurs vagues et des complications psychologiques. En conséquence, l'homme a un besoin insatiable de pilules, d'alcool, de tabac, de nourriture. Les divinités et les démons continuent de leur imposer un lourd fardeau de névrose. "

L'œuf cosmique

Quand rien n'existait encore, une déesse nommée "Errant dans de grands espaces" dansa dans le vide du cosmos. En l'absence de tout, la déesse n'avait plus qu'elle-même à contempler. Elle était satisfaite de ses mouvements et est tombée amoureuse de sa danse. Ses mouvements, d'abord lents puis de plus en plus rapides, sont devenus frénétiques au point de générer le vent du nord, appelé Borea. Ce vent, souhaitant s'accoupler avec la déesse, est devenu le serpent Ophion. À son tour, Ophion transforma la déesse en une colombe blanche. Sous l'apparence d'une colombe, la déesse a généré le fruit de l'union, "l'œuf cosmique", à l'origine de toutes choses.

Les Sumériens se souviennent de cette déesse en tant que "colombe divine". La mythologie grecque s'en souvient avec le nom d'Eurinome.

Cette histoire découle des études mythologiques de Robert Graves, poète et essayiste britannique.

Nous pouvons ajouter une note de potins. À un moment donné, le serpent Ophion s'est vanté d'être le créateur de tout. Cela suffisait à la Divine Dove pour se sentir offensée. Pour se venger, il cassa toutes les dents de Ofion avec un coup de pied.

Mircea Eliade est un érudit roumain né à Bucarest en 1907. Il est un universitaire aux vastes cultures. Mircea écrit ces mots sur l'origine de l'univers dans ses études sur le monde oriental archaïque:

> "Le mythe de l'œuf cosmogonique, attesté en Polynésie, est commun à l'Inde ancienne, à l'Indonésie, à l'Iran, à la Grèce, à la Phénicie, à la Lettonie, à l'Estonie, à la Finlande et au peuple Pangwe d'Afrique occidentale. en

Amérique centrale et sur la côte ouest de l'Amérique du Sud ".

Depuis l'Antiquité, on trouve des références à l'œuf cosmique chez les Babyloniens et les Sumériens. De la Mésopotamie, deux millénaires avant Jésus-Christ, la tradition s'est répandue en Inde et en Égypte ancienne. Plus tard, le mythe de l'œuf cosmique s'est également développé en Chine, dans les régions celtiques européennes et en Afrique.

L'histoire d'Eurinome est également racontée dans les mythologies des Pélasges. Dans ces traditions, comme dans beaucoup d'autres, l'œuf cosmique est un œuf de reptile, car il est pondu par le serpent Ophion, qui est probablement le mythique Basilic.

Pour les Celtes, l'œuf cosmique, nommé Glain, a une couleur rougeâtre et a été placé sur la plage primordiale par un serpent de mer.

 L'infini dans un espace fini

Figure 13 - Vision ésotérique de l'oeuf cosmique

Dans la religion taoïste chinoise, l'œuf cosmique est décrit dans le mythe de Pangu. Pangu crée le monde avec l'aide du serpent à cornes Qilin, de la tortue, du Phénix et du dragon.

En Egypte, le phénix, créature mythique ressemblant à un oiseau, pond l'œuf cosmique. Le phénix a un souffle générateur de vie, à partir duquel le dieu de l'air Shu est né. Au moment de mourir, le Phénix construit un nid autour de lui-même. Dans ce nid, le Phoenix génère le feu qui le consume complètement. Cependant, à partir de cette combustion, un autre œuf est généré, qui est pris en charge par le Soleil jusqu'à la nouvelle naissance du Phénix.

Dans la tribu africaine des Bambara, on dit qu'au début, il n'y avait qu'un seul œuf vide. Ce vide était rempli par le souffle créateur de l'Esprit. Toutes les choses sont nées d'ici.

L'une des traditions les plus intéressantes est celle racontée dans la religion hindoue. Initialement, l'oeuf cosmique ou "Hiranyagarbha" flottait dans l'océan primordial, enveloppé dans l'obscurité de la non-existence.

Quand l'oeuf éclos, Brahmā l'introduisit dans l'humanité par le biais du "Om". Cette syllabe permet l'émission respiratoire, elle représente donc dans l'hindouisme le souffle vital originel.

La partie supérieure de la coquille de l'œuf cosmique est en or et le ciel est né de cette partie. Au lieu de cela, la moitié inférieure de l'œuf est en argent et la terre est née d'ici. Cette création est cyclique: l'univers se développe à partir de l'œuf cosmique. Par la suite, l'univers est corrompu jusqu'à sa fin. De la fin d'un univers, un autre univers est né, puis un autre. Cette série de cycles est le "kalpa".

Ce ne sont que quelques-uns des récits mythologiques sur l'œuf cosmique.

En effet, l'œuf se prête très bien à être considéré comme l'origine de toutes choses. Tout d'abord, il n'a pas de coins ni d'arêtes. La forme de l'œuf est elliptique, mais l'ellipse n'a ni début ni fin, tout comme le cercle. C'est pourquoi l'œuf peut représenter quelque chose qui a toujours existé et qui dure pour toujours. L'oeuf est un symbole de fertilité et peut être considéré comme la graine primordiale, le premier embryon qui émerge du chaos pour générer tout ce qui existe.

Un dicton latin dit "Omne vivum ex ovo", c'est-à-dire "tout ce qui vit provient d'un oeuf".

Dans la religiosité égyptienne, l'œuf représentait le cosmos, car il contenait les quatre éléments cosmiques. La coquille représente la terre, le jaune rouge représente le feu, l'albumen transparent représente l'eau. Au lieu de cela, le quatrième élément, à savoir l'air, était représenté par l'environnement qui entoure l'œuf.

Une merveilleuse interprétation graphique de l'œuf cosmique s'est concrétisée dans l'idée mathématique du zéro. Le zéro est l'archétype féminin primordial à partir duquel tous les nombres descendent. Cela se produit parce que le zéro est fécondé par le Un.

Comme l'œuf classique, zéro représente "un rien qui produit quelque chose de vivant".

Dans la vision alchimique, l'œuf est un archétype qui peut ramener chaque élément à sa condition de pureté d'origine.

Comme nous l'avons déjà mentionné, les Égyptiens ont associé les quatre éléments (terre, feu, eau et air) à quatre parties de l'œuf. Au lieu de cela, les alchimistes ont associé les trois parties les plus évidentes de l'œuf à trois ingrédients alchimiques essentiels. La coquille était associée à du sel, l'albumine à de l'almercium et le jaune à du soufre.

Selon les maîtres alchimistes, ces trois éléments, combinés aux bonnes doses, pourraient conduire à la création de la pierre philosophale, c'est-à-dire à l'accomplissement du "Grand travail". La pierre philosophale pourrait transformer les métaux les moins nobles en or.

Dans les mandalas, l'œuf apparaît comme le symbole alchimique du "Tout". En ce qui concerne notre vie quotidienne, nous pouvons voir que le symbolisme de l'œuf primordial, générant la vie, est toujours contenu dans la tradition de l'œuf de Pâques. Dans la tradition chrétienne actuelle, il symbolise la résurrection de Jésus du sépulcre. Le sépulcre, semblable au nid du Phénix, est l'endroit où le Christ renaît, l'origine et le salut de l'univers entier.

En réalité, le cadeau de l'œuf est beaucoup plus ancien et remonte même aux Perses, parmi lesquels la tradition consistant à échanger de simples œufs de poule au début du printemps était très répandue. L'œuf représentait un souhait de fertilité et d'abondance pour les récoltes d'été et d'automne. De toute évidence, ces cultures étaient vitales pour les communautés basées sur l'agriculture.

L'œuf cosmique et la physique actuelle

D'après ce qui a été dit, il semble que l'œuf cosmique se limite à des récits mythologiques ou alchimiques.

Cependant, au cours des dernières décennies, l'idée de l'œuf cosmique a également infecté le monde de l'astrophysique. Cela se produit surtout depuis que la science a commencé à évaluer le thème d'une singularité primordiale. De cette singularité, à travers la grande explosion du Big Bang, l'Univers entier aurait été généré.

En effet, la conception astronomique actuelle configure un univers en expansion. Cette théorie découle des observations de Edwin Hubble et, par la suite, de la théorie générale de la relativité d'Albert Einstein.

Si nous revenons à travers l'expansion de l'univers, en le transformant en contraction, l'univers devient de plus en plus petit. À un moment donné, nous arrivons à une dimension si minuscule et dense qu'elle ne peut être décrite par aucun terme physique, c'est pourquoi elle s'appelle "singularité".

Peu de gens connaissent un aspect généralement négligé de la biographie d'Erwin Schrödinger, scientifique autrichien qui a remporté le prix Nobel de physique en 1933. Schrödinger a développé une série de résultats fondamentaux dans le domaine de la théorie quantique. Il est connu du grand public pour son expérience intitulée "le paradoxe du chat".

Au-delà de la rigueur scientifique de ses études, Schrödinger s'est intéressé tout au long de sa vie à la philosophie de l'hindouisme et du Vedanta.

Dans ce contexte, il a exprimé à plusieurs reprises sa position philosophique. Selon Schrödinger, il est possible que la conscience individuelle ne soit que la manifestation d'une conscience globale et unitaire qui imprègne l'univers.

Il n'est donc pas surprenant que Schrödinger ait voulu appliquer le concept de l'œuf cosmique à ses études en mécanique quantique, en le reliant à celui d'un univers en expansion, né d'une «singularité».

La rencontre entre Jung et Pauli

Carl Jung a longtemps étudié le phénomène des "étranges coïncidences", puis leur a attribué un caractère "numineux", c'est-à-dire divin.

C'est précisément à cause de l'une de ces étranges coïncidences que Jung a reçu en janvier 1932, dans son studio zurichois, la visite d'un personnage qui allait marquer le reste de sa vie.

Le visiteur était Wolfgang Pauli (figure 12), professeur autrichien, qui enseignait la physique théorique à l'Institut fédéral de technologie de la même ville. Pauli avait décidé de faire appel à Jung pour obtenir une assistance psychologique, car il avait été victime d'une série de graves difficultés.

En novembre 1927, Berta Camilla Schütz, la mère de Pauli, s'est suicidée. Elle n'avait que 49 ans et était une écrivain et une féministe engagée dans le socialisme.

L'année suivante, le père de Pauli se remaria avec Maria Rottler. Wolfgang n'avait pas accepté ce second mariage, car Maria était une jeune femme de son âge.

De plus, en décembre 1929, Wolfgang épousa Käthe Margarethe Deppner, danseuse professionnelle. De cette façon, il pensa trouver un accommodement au niveau des sentiments. Malheureusement, le mariage s'était mal passé immédiatement et les deux avaient divorcé, après moins d'un an, en novembre 1930.

Toutes ces circonstances avaient créé une détresse psychologique considérable chez le jeune professeur. En dépit de sa position universitaire prestigieuse, Pauli a trop bu d'alcool et a passé ses soirées dans des lieux publics. Malheureusement, cela a perturbé les autres clients et a donné lieu à des débats, si souvent que les directeurs des locaux ont été forcés de le chasser.

Pauli s'est tourné vers Jung, car le cadre rationnel de sa psyché, typique d'un scientifique comme lui, lui faisait comprendre, par moments de lucidité, l'ampleur du déséquilibre qu'il éprouvait. Plus tard, il aurait appelé cette période "la grande névrose".

Jung décrit la rencontre avec Pauli dans son journal:

> "J'ai eu le cas d'un professeur d'université, un intellectuel très mono-orienté. L'inconscient de ce client est bouleversé et très actif. Il se projette sur d'autres hommes qu'il considère comme des ennemis et se sent terriblement seul, car il pense que tout le monde est contre lui. "

Cependant, Jung a reconnu à Pauli, dès la première réunion, une formidable capacité intellectuelle et une grande préparation scientifique à sa profession, c'est-à-dire dans le domaine de la physique.

Dès le début, Jung souhaitait établir un dialogue avec Pauli sur le plan scientifique plutôt que sur le plan thérapeutique. Pour cette raison, le psychologue a estimé qu'il était correct de confier les soins du patient à l'un de ses collaborateurs les plus qualifiés, le Dr Erna Rosenbaum. Cela lui a permis de prendre soin du patient en le traitant comme un ami, sans jouer le rôle de thérapeute.

Il a parlé à Pauli dans toutes ces circonstances qui pourraient avoir quelque chose à voir avec leurs intérêts scientifiques.

Plus de 1500 rêves de Pauli ont été enregistrés et analysés au cours de la période de thérapie. Jung a utilisé beaucoup de ces rêves pendant ses études, non pas en tant que thérapeute mais en tant que scientifique.

En fin de compte, la voie psychanalytique a produit de nombreux avantages chez Pauli. Mais c'est surtout le début d'une collaboration fondée sur un échange d'expériences réciproques entre deux esprits éclairés.

Ils ont notamment étudié les liens possibles entre les études psychanalytiques de Jung et la physique quantique, une science dont Pauli était l'un des pères fondateurs (il reçut le prix Nobel en 1945). Pauli était particulièrement intéressé par le contenu de la théorie de la synchronicité, que Jung développait au cours de ces années.

En fait, ils ont perçu un lien profond entre le comportement des particules élémentaires et de nombreux phénomènes inhérents à la théorie de la synchronicité.

Les particules étudiées par Pauli semblaient manifester une intelligence avec des caractéristiques psychiques, c'est-à-dire non mécaniste. C'étaient des comportements indépendants de la matière et des lois déterministes de la physique traditionnelle.

De 1932 à 1957, Jung et Pauli ont gardé des contacts constants. En 1940, après le déclenchement de la Seconde Guerre mondiale, Pauli émigre aux États-Unis où il devient professeur de physique théorique à Princeton. À partir de ce moment, les contacts se sont poursuivis grâce à l'échange de lettres.

Le diagramme psychique de Pauli et Jung

Entre juin et décembre 1950, Jung et Pauli, dans leur correspondance, ont achevé l'élaboration d'un "quaternaire". L'objectif était de représenter une réalité cosmique dans laquelle la matière et la psyché étaient réconciliées dans une conception collaborative commune.

Il est intéressant de reconstruire l'évolution de la pensée des deux scientifiques. L'élaboration du "quaternaire" a eu lieu par le biais de propositions et d'ajustements ultérieurs.

Toutes les citations suivantes sont extraites du recueil des lettres de Jung et Pauli. La collection complète est publiée dans le volume *"Jung e Pauli. Il carteggio originale: l'incontro tra psiche e materia* "a été éditée par Eva Pattis Zoja et Carla Stroppa pour la maison d'édition Moretti e Vitali.

Dans une lettre envoyée par Kusnacht le 20 juin 1950, Jung communique à Pauli un aperçu des rêves qu'il étudie. À la fin de ses élaborations, Jung dessine une représentation schématique faisant référence à l'un des rêves: (*voir D-1*)

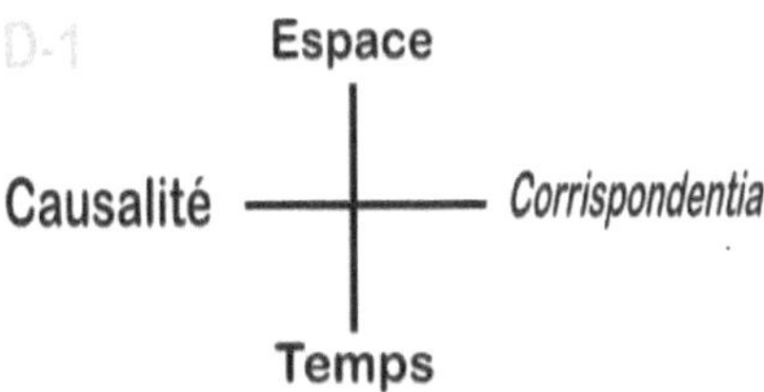

Jung a probablement tracé ce modèle uniquement pour commenter un rêve. Il n'imaginait pas que Pauli aurait profité de l'occasion en utilisant le même schéma, qu'il a qualifié de "quaternaire", selon un concept beaucoup plus large.

En effet, Pauli cherchait alors la réponse à une question qu'il ne pouvait résoudre. Pauli a demandé l'avis de Jung dans une lettre envoyée par Zollikon-Zurich le 24 novembre 1950:

"... Cela m'amène à la question dont la discussion constitue une partie importante de cette lettre.

Comment relier les faits constitutifs de la physique quantique moderne aux phénomènes liés au nouveau principe de synchronicité? Tout d'abord, il est certain que les deux types de phénomènes dépassent les limites du déterminisme "classique" ... Pour moi, cette question est d'une importance particulière.

Comme mes études portent sur la physique, je discute et réfléchis depuis un an maintenant. "

La question s'adresse à Jung, mais Pauli avait probablement déjà une réponse en tête. Pauli reprend, après quelques lignes, le thème du quaternaire:

"Pour souligner la différence entre la microphysique et d'autres cas impliquant le psychique, j'ai publié en 1948 un essai sur le *Hintergrundpsyche*. Dans l'article, j'ai proposé un schéma quaternaire dans lequel les deux cas doivent correspondre à des paires d'opposés différentes. La première paire d'opposés: (voir D-2) appartient à la physique:

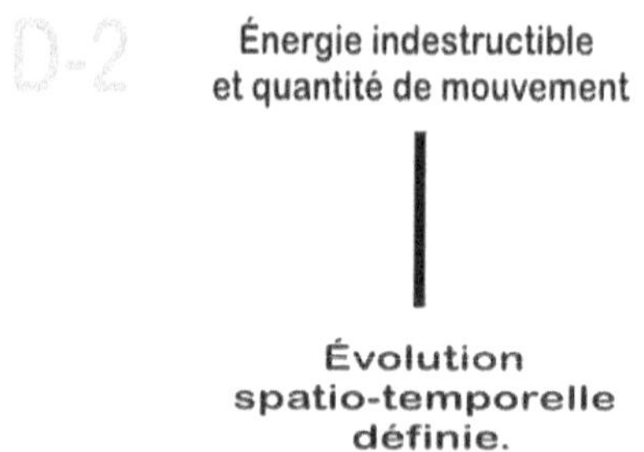

Au lieu de cela, un autre couple: (voir D-3) appartient à la psychologie:

Bien sûr, je ne peux pas dire que cette quaternité convient à la théorie de la synchronicité.

Cependant, mon schéma présente l'avantage que l'espace et le temps ne sont pas opposés.

L'opposition entre le temps et l'espace est une solution qui repousse particulièrement tout physicien moderne.

Par conséquent, dans mon rôle de physicien, le contraste entre l'espace et le temps exprimé dans son schéma me semble difficilement acceptable.

En premier lieu, l'espace et le temps ne forment pas une vraie paire d'opposés, car l'espace et le temps peuvent être appliqués simultanément à des phénomènes.

Deuxièmement, je me souviens que vous avez vous-même produit, dans d'autres cas, des formulations en faveur de l'identité essentielle entre espace et temps ".

Pauli n'hésite pas à soumettre la pensée de son médecin et psychologue aux principes et méthodologies scientifiques les plus rigoureux. Cependant, Pauli souhaite poursuivre la discussion de manière constructive. Il formule donc une proposition de compromis:

"... Je suggérerais donc la proposition de compromis suivante pour un schéma quaternaire. Le schéma que je propose évite le chevauchement du temps et de l'espace. Je crois que cette solution peut combiner les avantages de nos deux systèmes: (voir D-4)

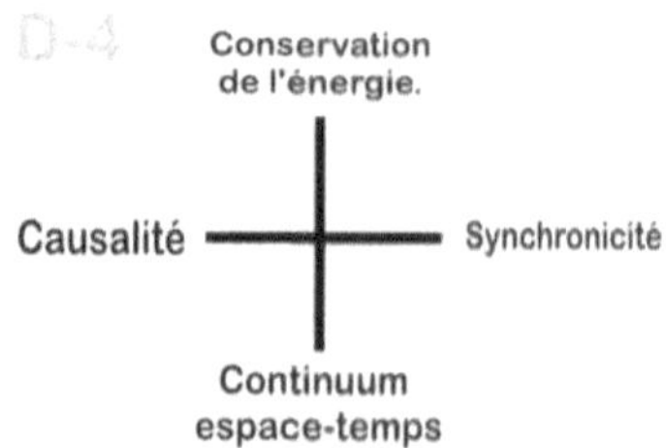

Jung a répondu par une lettre envoyée par Bolligen le 30 novembre 1950. Il a formulé plusieurs arguments sur la séparativité du temps et de l'espace, du point de vue psychologique:

"... L'espace et le temps sont des concepts intuitifs. Par conséquent, dans une image du monde intuitif, ils sont éternellement séparés et contraires. Dans mon schéma, je prends en compte des critères psychologiques. Dans ces cas, ce sont des concepts intuitifs et non abstraits ».

Mais Jung conclut de cette façon:

> "Sa proposition de compromis est la bienvenue, car il tente brillamment de transcender l'intuition.
>
> Sa proposition complète la vision intuitive du monde à travers ce qui est au fond de lui. "

Cependant, Jung suggère de modifier le "caractère aléatoire" et la "synchronicité". Jung motive donc sa proposition:

> "Mon schéma semble formuler de manière satisfaisante le monde intuitif de la conscience. Ce schéma vérifie d'une part les postulats de la physique moderne et d'autre part ceux de la psychologie de l'inconscient ". (*voir D-5*)

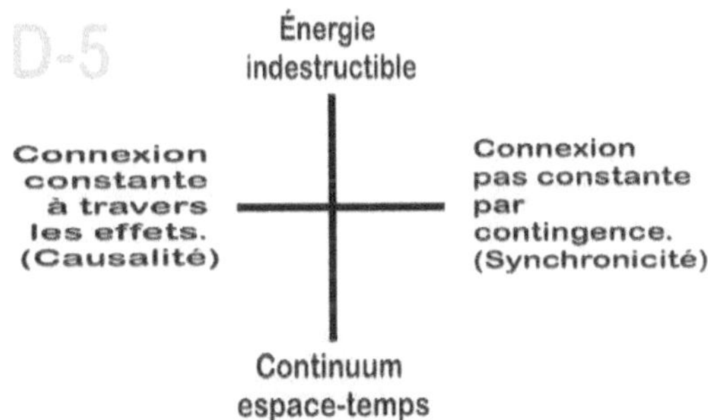

La réponse de Pauli est venue une nouvelle fois de Zollikon (Zurich) le 12 décembre de la même année. Pauli a conclu la lettre de la manière suivante:

"Je n'ai aucun doute. La nouvelle formulation du "quaternaire de l'image du monde" qui m'a été envoyée est vraiment l'expression la plus appropriée. De plus, cette formulation correspond presque entièrement à mes désirs précédents. "

La version finale de ce que l'on appelle généralement "le diagramme psychophysique de Pauli-Jung" prend l'aspect simplifié que je reproduis ci-dessous (voir D-6). Aujourd'hui, le diagramme est cité presque partout dans les études de psychologie.

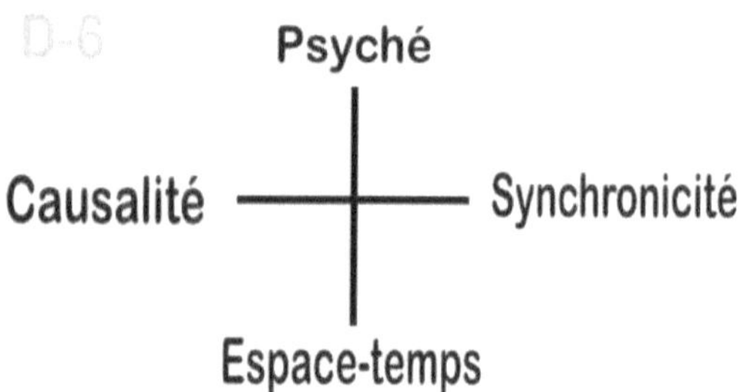

Dans le bras gauche-droit du diagramme, la causalité, ou déterminisme, est en équilibre avec la synchronicité. Les auteurs espèrent ainsi une collaboration entre la physique mécanistique et le principe de synchronicité. Selon la physique mécaniste (causalité), chaque événement est lié à la cause qui le produit. Au lieu de cela, le synchronisme fait référence à des événements absolument déconnectés les uns des autres. Mais ces événements (coïncidences) deviennent cohérents lorsque le protagoniste leur donne un sens. Le plan horizontal du diagramme équilibre ces deux visions opposées.

Le bras vertical représente, au-dessus, le monde de la psyché, qui est équilibré avec le monde de la physique classique, placé en bas.

Le monde de la psyché est celui de la non-localité, où le temps et l'espace n'existent pas. Au lieu de cela, le monde de la physique classique est dominé par les quatre dimensions connues, trois spatiale et une temporelle.

Parlons plus de Mandala

Beaucoup de lecteurs n'auront pas manqué le fait que le diagramme psycho-physique de Pauli-Jung peut être comparé à un mandala. En fait, les quatre bras symétriques peuvent être enfermés dans une bordure carrée ou ronde.

C'est précisément pour cette raison que la figure 18 présente une représentation mandalique du diagramme psychophysique de Pauli - Jung. Puisque tout n'aurait pas de sens s'il n'était pas appliqué à l'homme, au centre du mandala j'ai inséré l'icône de l'homme de Vitruve.

L'icône centrale ne veut pas représenter uniquement l'habitant de la planète Terre, mais toute forme d'intelligence présente dans l'univers. En fait, le mandala de Pauli-Jung est un symbole universel.

Figure 9 - L'aspect de Shakespeare et ses œuvres ont été immortalisés sur papier, sur marbre et dans diverses formes de pensée représentatives.

L'infini dans le fini

Considérons encore le grand génie de la littérature qu'est Shakespeare.

Bien qu'il soit déjà populaire dans la vie, il est devenu immensément célèbre après sa mort. Ses œuvres ont été magnifiées par de nombreuses personnalités influentes et sont devenues des objets d'étude et de représentation. Actuellement, Shakespeare est considéré comme l'un des écrivains anglais les plus importants et le plus grand dramaturge de la culture occidentale.

Grâce à sa célébrité, Shakespeare reçut de nombreux hommages dans les arts expressifs. Sur la figure 14, on peut voir quelques exemples de son image et de sa pensée reproduites sous diverses formes artistiques.

En haut à gauche, vous pouvez voir un portrait de Martin Droeshout, un graveur anglais célèbre pour avoir créé cette œuvre.

Le portrait de Droeshout devint l'illustration décorative du frontispice du "First Folio", le premier recueil d'œuvres complètes de Shakespeare et fut publié en 1623.

Vous voyez bien sûr le portrait de Droeshout reproduit sur papier, qui se trouve sur la page de ce livre.

En fait, vous pouvez voir l'image reproduite sur de nombreux autres types de supports, par exemple sur du tissu ou de la céramique.

Mais considérons l'exemple du papier. Une feuille blanche a été imprimée avec n'importe quelle technique à votre guise. Ainsi, vous pouvez voir l'image reproduite sur la feuille. Avant l'impression, la surface de la feuille était blanche. Maintenant, après l'impression, la surface de la feuille est occupée par l'image de Shakespeare.

Faut-il croire que c'était la seule image imprimable sur la feuille? Absolument pas: toute autre image aurait pu être imprimée sur la même feuille. Pour être précis, un nombre infini d'images aurait pu être imprimé sur la même feuille. Par exemple, tous les tableaux célèbres de tous les âges, le Printemps de Botticelli, le Guernica de Picasso ou le Marylin d'Andy Warhol; tous les cœurs gravés sur les arbres par les amants, tous les dessins incertains d'enfants sur les pupitres d'école, tous les gribouillis dessinés par des millions d'hommes en répondant au téléphone, tous les tableaux "naïfs" peints par le singe "Non-ja" ou par d'autres les animaux et toutes les géométries surréalistes peintes par la nature, comme les nuages dans le ciel, le cours sinueux des rivières, les feuilles jaunissantes ou les empreintes des crabes qui courent sur le sable pour suivre la vague qui les a menés à la plage.

Tout cela, et infiniment plus, pourrait trouver une place sur cette feuille. Par conséquent, la simple feuille blanche est une "matrice" sur laquelle nous pouvons imprimer l'univers entier.

Malheureusement, c'est une matrice unidimensionnelle. Suite à la multiplication des chevauchements, la matrice deviendrait d'abord confuse, puis incompréhensible et finalement complètement noire.

Sur la même figure 14, en haut à droite, on peut voir une statue de Shakespeare sculptée par Giovanni Fontana, un artiste né à Carrare, en Italie, en 1820. En 1874, la statue de Fontana fut placée au centre des Leicester Square Gardens à Londres. . L'esquisse de cette statue de marbre a été prise à partir d'un monument dédié à Shakespeare par le sculpteur flamand Peter Scheemakers. Ce monument original a été érigé en 1740 et se trouve dans le coin des poètes de l'abbaye de Westminster.

Revenons à la statue de Fontana, reproduite à la figure 14. Le marbre est une matrice tridimensionnelle. Si nous imaginons un seul bloc de marbre, la statue de Giovanni Fontana et celle de Peter Scheemakers pourraient provenir de ce bloc.

En effet, à partir du bloc de marbre hypothétique que nous imaginons, toutes les statues du monde auraient pu naître, de la Pietà de Michelangelo à n'importe quelle sculpture d'art moderne. Chaque bloc de marbre peut contenir toutes les vénus paléolithiques trouvées dans diverses localités européennes, telles que la Dame de Brassempouy en France, ou celles sans nom trouvées dans les fouilles du Balzi Rossi à Vintimille. Le même bloc de marbre peut contenir les statues de toutes les déesses et dieux de tous les temps, les chapiteaux de chaque colonne, les sols de chaque bâtiment, la Victory of Nike, Amore et Psyché de Canova ou Le Baiser d'Auguste Rodin, le " Biancone "de la Piazza della Signoria à Florence ou le Christ voilé de la chapelle Sansevero à Naples.

En fait, chaque bloc de marbre est une matrice qui contient potentiellement toutes les statues de l'univers. Tant que le bloc reste intact, il contient un nombre infini de statues, chacune mystérieusement définie dans la structure de sa matière et potentiellement prête à émerger.

Devant chaque feuille blanche ou devant chaque bloc de marbre, l'artiste voit et imagine son projet, le choisissant parmi un nombre infini de projets possibles et le réalisant. Malheureusement, le travail de l'artiste endommage la matrice et exclut la possibilité de créer un travail différent.

Cependant, lorsqu'un artiste commence à sculpter la pierre, chaque morceau de marbre qui se sépare du bloc continue de contenir des statues potentiellement infinies. De même, si une feuille de papier est fragmentée, chaque fragment peut contenir des images infinies.

En bas à gauche, à la figure 14, on peut voir le frontispice du volume "Hamlet", probablement l'œuvre la plus célèbre de Shakespeare.

Le dessin représente un livre, mais le travail ne provient pas du livre. La matrice du travail en est une autre. Le livre n'est qu'un véhicule utile pour représenter le fruit d'une création de l'imagination de l'auteur. Par conséquent, dans le cas de la tragédie de Hamlet, la matrice n'est pas le livre, mais l'esprit de Shakespeare, sa pensée.

La pensée est une matrice dans laquelle des œuvres infinies peuvent exister sans que l'une soit gênante pour l'autre. Tandis que Shakespeare méditait sur la réalisation de Hamlet en même temps dans sa pensée, il existait toutes les œuvres écrites par lui, et naturellement aussi celles qui n'étaient pas écrites, celles qui venaient d'être esquissées ou celles qui venaient d'être imaginées à la lueur d'un seul instant ou dans le fragment d'un rêve confus. .

L'esprit de Shakespeare pourrait contenir des pensées infinies et sa pensée pourrait créer des histoires sans fin. Aucune histoire n'a été effacée quand une autre a émergé. Toutes les histoires sont restées vivantes et présentes, dans l'attente de leur moment.

La pensée de Shakespeare, mais aussi celle de chaque homme, n'est pas bidimensionnelle ou tridimensionnelle, mais a des dimensions infinies. Grâce à cela, la pensée peut contenir une infinité de suggestions, d'idées et d'histoires, sans pour autant nuire aux autres.

Sur la figure 14, en bas à droite, le sculpteur a mis en évidence une phrase de Shakespeare tirée de l'acte IV, scène II, de la Nuit des Veines. (Twelfth Night)

L'inscription, qui n'a pas besoin de commentaire, est "There is no darkness but ignorance", et peut être traduite par "Il n'y a pas d'autre obscurité que celle de l'ignorance".

Dans ce cas, seule une très petite partie de la pensée de Shakespeare est mise en évidence. Cependant, cette courte phrase n'a pas moins de dignité que d'autres œuvres considérées dans leur intégralité. . Cela confirme que la pensée peut créer et contenir à la fois des œuvres infinies, voire de minuscules fragments des mêmes œuvres. Ce sont des fragments qui ne peuvent émerger et se manifester que pendant un bref instant. Après ces brèves apparitions, les idées restent cachées, on peut les oublier mais elles ne meurent jamais.

La pensée d'un homme est une matrice bornée, absolument personnelle, confinée dans l'esprit d'une seule personne. Cependant, la pensée est une matrice pouvant contenir tout l'infini en même temps.

La pensée est un "fini" qui contient l'infini

Si nous voulons imaginer un univers "fini", nous ne pouvons pas ignorer le concept d'infini, aussi parce que nous ne savons pas comment donner des réponses logiques à certains problèmes.

Établir qu'une chose est "finie" signifie pouvoir définir une limite au-delà de laquelle la chose n'existe plus.

Mais au-delà de cette frontière, qu'y a-t-il? Certains pourraient dire "vide", "rien". Ce ne sont pas des réponses satisfaisantes. En fait, même le vide et le néant sont "quelque chose", ils existent en tant que tels. Ils existent parce que nous invoquons nous-mêmes leur existence. Par conséquent, au-delà du premier "rien", nous devrions imaginer un deuxième "rien", puis un troisième, à l'infini.

Si nous voulons prendre une démonstration pratique à titre d'exemple, il suffit de faire référence au nombre le plus élevé que nous puissions imaginer. Si l'univers était fini, il finirait par ce nombre. Et pourtant, chacun pourra ajouter 1 à ce nombre, en déplaçant la fin de l'univers un peu plus loin. Mais il sera toujours possible d'ajouter une autre unité, puis une autre, pratiquement ... à l'infini.

En continuant d'ajouter l'unité à notre nombre, nous montrons que l'univers n'a pas de frontières, il est donc infini.

D'autre part, nous pouvons imaginer la pensée d'une personne. Cette pensée est définitivement terminée, car ses limites se situent dans l'esprit de la même personne. Bien sûr, en vivant, cette personne continue d'ajouter des notions, des connaissances et des idées à sa pensée. Croyez-vous que quelqu'un, à un moment donné, pourrait lui dire: "Assez, vous ne pouvez pas ajouter d'autres notions, sa pensée est saturée"?

Non, en tout cas, il y aurait encore de la place dans sa tête pour ajouter l'alphabet Bushman, un essai sur la floraison précoce des violettes, l'image d'une aurore boréale, le son d'une noix de coco tombant au sol, et ainsi à l'infini.

Même nos pensées sont comme celles de Shakespeare. Bien qu'il soit "fini", il peut contenir l'infini. Notre esprit physique, qui est dans notre cerveau, peut probablement être considéré comme une feuille de papier ou un bloc de marbre. Théoriquement, notre cerveau physique peut déplacer physiquement certaines idées dans des régions éloignées. Nous disons donc qu'il peut "oublier". Mais notre esprit n'oublie rien. Notre esprit sera toujours capable de donner vie à chaque élément de pensée, même s'il a été oublié ou enlevé. Notre esprit pourra toujours errer entre des idées infinies, même celles qui ne sont pas pensées.

Il n'est pas nécessaire de raisonner ou d'élaborer des formules pour prouver cette vérité. C'est très simple. Vous "le savez".

Figure 15 - Pensée cosmique représentée dans une vision métaphysique. C'est un lieu infini dans lequel sont générés des univers infinis. Chaque univers est fini et indépendant des autres. De la même manière, un noyer infini génère un nombre infini de noix, indépendantes les unes des autres.

Pensée cosmique

Si nous voulons relier les considérations qui viennent d'être apportées à l'univers dans lequel nous vivons, nous pouvons commencer par imaginer un objet "fini", par exemple la coquille d'une noix. Nous plaçons cet objet dans le cadre d'une Pensée Cosmique infinie.

Tout comme la pensée de Shakespeare était capable de créer une infinité d'œuvres indépendantes et véritablement existantes, la Pensée Cosmique peut générer un nombre infini d'univers. Imaginez un noyer infini.

Cet arbre peut produire un nombre inachevé de coquilles de noix. Chaque coquille occupe son espace fini sans se rendre compte de l'existence des autres.

La figure 15 illustre la pensée cosmique sous la forme d'un noyer générant des noix sans fin. Chaque fruit de la noix contient un univers distinct. De chaque noix peut naître un nouvel arbre, c'est-à-dire une nouvelle Pensée Cosmique infinie qui génère des univers infinis.

Ce n'est pas important pour nous puisque même si c'était vrai, nous n'aurions jamais la preuve et nous n'en subirions jamais les conséquences. Même dans le cas des voyages spatio-temporels, les lieux pouvant être atteints resteraient toujours confinés à notre univers.

La théorie du multivers

"L'un des pères de la physique quantique, Hugh Everett, a fait valoir qu'une particule subatomique peut se déplacer simultanément vers la droite et vers la gauche. L'observateur choisit l'une des deux possibilités. Cependant, l'autre possibilité continue d'exister ailleurs, c'est-à-dire qu'elle survit dans l'un des univers parallèles. "

(Sonia Fernández-Vidal, CERN et Los Alamos)

Probablement, assaillis par des engagements quotidiens, les nouvelles théories scientifiques ne nous passionnent pas, mais il y en a une qui est vraiment surprenante: en plus de notre univers, il pourrait y avoir beaucoup d'autres univers dits "parallèles".

Jusqu'à présent, cette possibilité n'était apparue que dans les livres et les films de science-fiction, mais nous savons que ceux-ci ont souvent précédé les connaissances scientifiques. En fait, il n'est pas impossible que des univers parallèles existent réellement et ne soient pas simplement le fruit de l'imagination des scénaristes et des scénaristes.

L'hypothèse stipule qu'en dehors de notre espace-temps, il peut exister des dimensions parallèles, qui donneraient la vie à plusieurs univers.

La théorie la plus crédible sur la naissance d'univers parallèles soutient que des vagues successives d'inflation cosmique se sont produites depuis le Big Bang. C'est-à-dire que l'univers aurait subi de nombreux processus d'expansion vertigineux en cascade.

Ces événements inflationnistes auraient donné naissance à un super-univers de bulles, une structure fractale dans laquelle chaque bulle représenterait une unité cosmique qui lui est propre. Par conséquent, la réalité serait composée de nombreux univers alternatifs au nôtre. Ces univers ne seraient pas très différents les uns des autres et, bien sûr, chacun d'entre eux ne serait pas infini.

L'ensemble de ces univers, qui est la somme des éléments "finis", serait à son tour "fini". Cependant, il pourrait contenir des expressions infinies de la réalité.

Cette hypothèse est formulée depuis un certain temps et est connue sous le nom de "théorie du multivers". (*The multiverse theory*). Cette théorie, défendue par plusieurs physiciens, a récemment été soutenue avec autorité par Stephen Hawking.

Peu de temps avant sa mort, le 4 mars 2018, Hawking proposait une interprétation intéressante du multivers. Il l'a fait dans un essai scientifique intitulé "Une sortie facilitée par une inflation éternelle?" (*A Smooth Exit from Eternal Inflation?*). Le travail est le fruit d'une longue collaboration entre Hawking et le physicien belge Thomas Hertog.

Une étude récente, réalisée en collaboration entre l'Université de Durham (Grande-Bretagne) et l'Université de Sydney (Australie) a ajouté des spécifications étonnantes à la théorie du multivers. Selon cette recherche, des univers parallèles pourraient même accueillir la vie. Les résultats détaillés de cette étude ont été publiés dans le MNRAS (*Monthly Notices of the Royal Astronomical Society*), l'une des publications scientifiques les plus importantes dans le domaine de l'astronomie et de l'astrophysique.

La théorie du multivers

Selon certains scientifiques, à la base de la naissance de plusieurs univers, il y aurait "l'énergie sombre", (*dark energy*) une force mystérieuse et complètement hypothétique dans laquelle, avec les moyens actuels, on ne peut pas prouver son existence. Cependant, cette forme d'énergie, s'il en existait une, pourrait résoudre de nombreux problèmes. Par exemple, sa diffusion homogène dans l'espace pourrait générer des pressions négatives susceptibles de justifier l'expansion accélérée de l'univers.

Cependant, les équations qui calculent l'énergie sombre totale générée par le Big Bang donnent un résultat beaucoup plus élevé que celui requis pour l'accélération.

Alors à quoi sert le reste de l'énergie sombre?

Il y a deux réponses possibles:

- Notre univers accélère beaucoup plus que nous ne le croyons.

- L'énergie sombre en excès est utilisée à d'autres fins que nous ne connaissons pas.

La théorie du multivers est née justement pour justifier cette surabondance inexplicable d'énergie sombre. La quantité excédentaire serait répartie dans d'autres univers, parallèlement au nôtre.

Cependant, en amont de cela, nous devons faire une considération très importante. L'univers dans lequel nous vivons est très chanceux. La chance réside dans le fait que notre univers contient la bonne quantité d'énergie sombre nécessaire pour produire exactement l'accélération à laquelle nous sommes soumis. La quantité d'accélération est présente dans la quantité précise nécessaire pour permettre l'évolution de la vie. C'est une valeur absolument précise, qui nous permet de gagner chaque jour la loterie de la vie.

Il est évident qu'avec des valeurs d'accélération différentes, toute l'évolution du cosmos aurait été différente, y compris les conditions de développement de la vie sur les planètes.

Par exemple, une accélération plus ou moins grande en quantité de un pour mille aurait donné forme à un univers décidément insolite. Les périodes de rotation des planètes, les forces de gravité, la distribution des galaxies et les systèmes solaires auraient été différentes.

Il est presque certain que sur Terre, nous n'aurions ni eau ni atmosphère. Notre planète aurait pu être un désert gazeux ou rocheux, comme presque toutes les autres planètes que nous connaissons. Peut-être que la Terre n'existerait même pas. Précisément cette accélération, précise au millième, a permis à la vie de se développer sur Terre.

La physique quantique est la mère du multivers

La véritable origine de la théorie du multivers doit être recherchée dans le développement de la physique quantique.

Un scientifique américain, Hugh Everett, a proposé en 1957 la prétendue "interprétation de plusieurs mondes" (*Many-worlds interpretation*). Everett a développé la théorie dans le domaine des études et des expériences sur le comportement quantique de la matière.

Selon ces études, chaque fois que le monde est confronté à un choix au niveau quantique, l'univers se divise en deux.

Pour bien comprendre cette théorie, il est nécessaire de prendre du recul et d'examiner certaines règles de base de la physique quantique, en particulier le principe de superposition.

C'est l'un des principes de base de la physique quantique, probablement le plus important. Ce principe stipule que

"Deux ou plusieurs états quantiques peuvent être additionnés et le résultat sera un autre état quantique valide."
(Any two (or more) quantum states can be added together and the result will be another valid quantum state).

Cette définition semble probablement assez obscure pour les non-experts, nous pouvons donc l'expliquer à l'aide d'un exemple tiré de la physique traditionnelle.

Imaginons de jeter la pierre classique dans l'étang. Autour du point de chute de la pierre, il y a une série de cercles concentriques qui s'élargissent lentement à la surface de l'eau.

Nous jetons maintenant une seconde pierre près de la première: cette pierre produit également un cercle de vagues qui s'étendent.

À un certain moment, le cercle produit par la première pierre rencontre celui produit par la seconde pierre et les deux cercles se confondent. Plus précisément, les deux cercles s'additionnent.

Les premier et deuxième cercles continuent d'exister simultanément, mais un "chiffre d'interférence" est également formé, donné par la somme des deux cercles.

Ces phénomènes se produisent chaque fois qu'il s'agit de vagues de toutes sortes, pas seulement de vagues à la surface de l'eau.

Les chiffres d'interférence se développent également dans le cas des ondes acoustiques, lorsque plusieurs bruits distincts sont additionnés. Peu importe si la somme produit l'harmonie d'un orchestre ou le brouhaha de la foule de personnes hurlant dans la Salle d'échange.

Également dans la plage de fréquences radio, deux ondes ou plus peuvent s'additionner: Chaque radio ou téléviseur est connecté à l'antenne. L'antenne capte simultanément toutes les fréquences présentes dans l'atmosphère. Le résultat est une confusion incompréhensible. Par conséquent, la masse de fréquence capturée par l'antenne doit être traitée par le décodeur, qui envoie uniquement la fréquence sélectionnée par l'auditeur au haut-parleur.

Considérons une autre hypothèse. Si nous jetons des cailloux sur un mur, le phénomène de vague n'est pas généré. Les pierres qui heurtent le mur ne génèrent pas d'interférences, mais produisent de petites lésions dans le mur lui-même. Chaque lésion est distincte des autres. Parmi les impacts, les phénomènes d'interférences ne sont pas générés.

Cela nous aide simplement à comprendre une expérience appelée "expérience à double fente" réalisée pour la première fois en 1801 par le britannique Thomas Young. L'intention de Young était de comprendre si la lumière est faite de particules ou d'ondes.

Young jeta des rayons de lumière sur une barrière. La barrière avait deux trous ou fentes et a été placée devant un écran sensible.

L'idée de Young était la suivante:

- Si la lumière est composée de particules, chaque particule traverse l'une ou l'autre des fentes. La particule continue au-delà de la fente, atteint l'écran sensible et laisse une image nette ressemblant à l'impact d'une balle.

- Si la lumière est une onde, elle se dilate jusqu'à ce que les cercles atteignent les deux fentes et les traversent. La vague continue de se développer même au-delà des fissures. Au-delà des deux fentes, deux systèmes d'onde sont générés. Les cercles de ces systèmes se développent et se chevauchent. En conséquence, des motifs d'interférence sont formés sur l'écran.

L'expérience a confirmé la deuxième hypothèse. Les chiffres d'interférence sont apparus sur l'écran sensible. Young a donc conclu que la lumière est une onde.

Récemment, de nombreux laboratoires de recherche ont décidé de répéter l'expérience. Les progrès techniques ont permis d'améliorer les procédures. Au lieu de lancer des rayons lumineux sur la barrière, les scientifiques ont lancé les photons uniques, c'est-à-dire les unités élémentaires de lumière. L'objectif était le même, c'est-à-dire de savoir si les photons sont des particules ou des ondes.

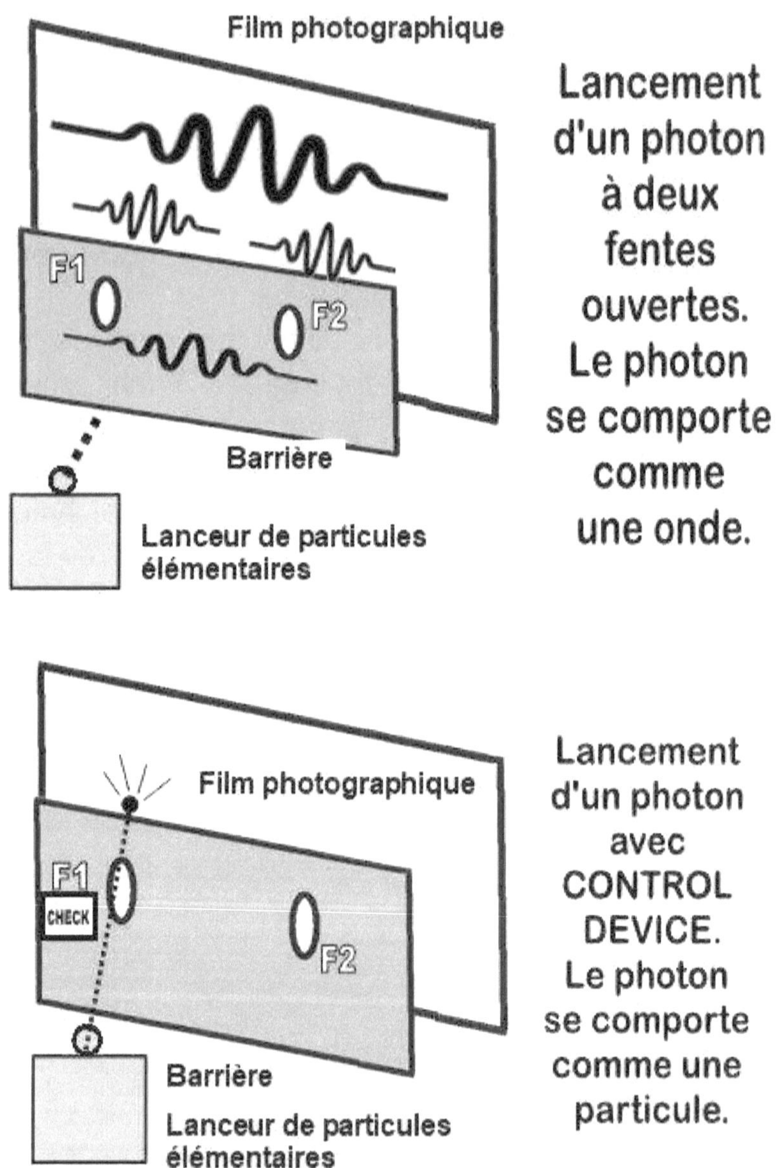

Figure 16 - L'expérience à double fente

L'expérience, répétée d'innombrables fois, produit toujours le même résultat surprenant. Voyons cela en détail.

L'appareil est similaire à celui de l'expérience originale. Comprend une barrière avec une ou deux fentes et un écran arrière composé d'un film photographique photosensible.

Première phase. Une fente

Les photons uniques sont projetés contre une barrière avec une seule fente. Les photons traversent la fente et produisent des points uniques sur l'écran arrière, similaires à l'impact d'une balle.

Cela suggère que les photons sont des particules: en fait, au-delà de la barrière, ils ne produisent pas de chiffres d'interférence comme le ferait une pierre qui heurterait l'eau. Après avoir traversé la seule fente, les photons se dirigent directement vers l'écran photographique et laissent le signe d'un impact.

Deuxième phase. Deux fentes

La surprise survient lorsque les expérimentateurs jettent un seul photon contre une barrière à deux fentes (figure 16, en haut). Selon les attentes, ce photon unique doit traverser l'une ou l'autre des fentes. Ensuite, il doit laisser la marque d'une balle derrière la fissure qu'il a traversée.

En fait, cependant, quelque chose d'incroyable se produit. Ce photon unique a traversé TOUTES LES DEUX fentes, et il est prouvé que des interférences sont créées au-delà de la barrière.

Cette expérience nous place devant l'un des mystères les plus profonds de la physique quantique.

Troisième phase. *Le rôle de l'observateur*

Mais les surprises ne sont pas finies. Pour mieux comprendre ce qui se passe, nous décidons de placer un capteur derrière la fente F1. Si le photon passe à travers cette fente, le capteur enregistre le passage. De cette façon, nous savons que le photon a traversé la fente F1. (figure 16, en bas). Nous jetons encore des photons, mais à ce stade, un événement encore plus extraordinaire se produit. Le photon semble capable de "savoir" que nous le contrôlons. Le photon réagit de différentes manières:

Situation 1 - Deux fentes, une avec un capteur de contrôle:
Le photon traverse une seule fente, celle équipée d'un capteur. Le capteur signale le passage du photon. Le photon produit l'impact d'un projectile sur l'écran sensible. Aucun chiffre d'interférence n'est créé.

Situation 2. Deux fentes sans le capteur de contrôle.
Le photon traverse les deux fentes et produit des motifs d'interférence sur l'écran.

Le résultat est sans équivoque: un seul photon peut se comporter à la fois comme une particule, produisant à l'écran le signe d'un impact de projectile, et comme une onde, produisant des chiffres d'interférence.

Le comportement est déterminé par la présence d'un capteur de contrôle. Cela signifie que l'observateur, c'est-à-dire la personne qui organise l'expérience, peut déterminer le comportement du photon.

Un seul photon qui traverse les deux fentes représente une situation incompréhensible et irréelle.

Cependant, tout revient à la normale si ce photon est observé. En présence d'un dispositif de contrôle, le photon traverse une seule fente.

Essayons d'exprimer le concept en d'autres termes.

a) Lorsque le photon n'est pas observé, il est simultanément présent dans tous les états possibles:
- Etat 1: le photon traverse la fente F1.
- Etat 2: le photon traverse la fente F2.

b) Lorsque le photon est observé, il traverse une seule fente.

Comme on dit techniquement, le photon observé "s'effondre" dans l'un des états possibles:
- Etat unique: le photon traverse la fente F1 ou la fente F2.

Cela s'applique à toutes les particules subatomiques, pas seulement aux photons.

De plus, nous devons considérer que si nous ouvrons dix fentes sur la barrière, la particule non observée passe à travers toutes les dix. Inversement, la particule observée "s'effondre" et ne passe que par une fente.

Cette expérience est incroyable et importante, au point que nous pouvons encore nous attarder sur les résultats.

Imaginez une barrière à trois fentes, F1, F2 et F3.

Situation de départ:

- Au moment où elle est lancée, la particule ignore qu'une barrière a été placée devant elle.

- La particule ne sait pas s'il y a des fissures dans la barrière et combien il y en a.

- La particule ne sait pas si, en présence de barrières ou de fissures, son passage sera observé ou non.

Cependant, tout ce qui se passe en cours de route suggère que la particule le savait, ce qui est inexplicable.

En fait, la particule se comporte au début du chemin comme si elle savait ce qu'elle va rencontrer dans le chemin.

Réaliser l'expérience SANS le capteur de contrôle.

Arrivée sur la barrière, la particule traverse les trois fentes, elle se trouve donc simultanément dans la fente F1, dans la fente F2 et dans la fente F3.

On dit que la particule est en "superposition d'états". Les trois états dans lesquels il se trouve sont simultanément vrais. Nous ne pouvons pas dire qu'il y a trois particules. Il n'y a qu'une seule particule, mais les trois états existent en même temps. C'est une omniprésente incroyable.

Réaliser l'expérience AVEC le capteur de contrôle.

Auparavant, l'expérimentateur avait installé un capteur à la sortie de la fente F2. L'effondrement quantique se produit, c'est-à-dire que la particule ne traverse que la fente F2.

Les deux autres états "disparaissent". On peut dire qu'ils s'effondrent sur l'état observé.

Il y a deux questions. La première question est la suivante: comment la particule sait-elle, avant de rencontrer la barrière, quel état doit-elle occuper?

La deuxième question est la suivante: la particule était potentiellement présente dans trois états, mais s'effondrait dans l'état F2. Qu'advient-il des deux autres états, F1 et F3? Est-ce qu'il arrive vraiment que les états F1 et F3, au moment où ils s'effondrent sur F2, s'annulent et cessent d'exister?

Tout le problème de l'existence du multivers réside dans la réponse à cette question.

La plupart des scientifiques disent que F1 et F3 n'étaient que des probabilités, elles cessent donc d'exister dès que la probabilité alternative F2 devient réelle.

Un autre scientifique, Hugh Everett, soutient une théorie différente. Selon lui, les trois probabilités continuent d'exister réellement. Lorsque l'observateur provoque l'effondrement d'une probabilité dans notre réalité, c'est-à-dire dans notre univers, les deux autres probabilités s'effondrent dans d'autres univers.

Par conséquent, selon Everett, chaque état de probabilité présent dans notre univers implique l'existence d'autres univers. Bien entendu, même notre univers pourrait être la condensation d'une probabilité née ailleurs dans le cosmos. Notre univers pourrait simplement être l'un des innombrables autres univers probables devenus possibles.

Le concept de multivers n'a pas été limité aux hypothèses d'Everett. Au cours des dernières décennies, le concept a également été affirmé dans d'autres théories scientifiques, notamment la "théorie des cordes" (the string theory) et "l'inflation chaotique", ou "théorie des bulles".

L'hypothèse du multivers, aujourd'hui, est une source de désaccord dans la communauté des physiciens, qui la considèrent trop risquée et la place parmi les sciences de la frontière.

Cependant, les supporters sont nombreux et qualifiés. Parmi eux se trouve Stephen Hawking, que nous avons déjà connu sur ces pages et à propos duquel rien ne doit être ajouté. Steven Weinberg, physicien lauréat du prix Nobel de 1979, Brian Greene, professeur à l'Université Columbia et l'un des plus éminents spécialistes de la théorie des cordes, Neil Turok, expert sud-africain de la théorie des cordes, Max Tegmark, cosmologiste suédois et professeur au Massachusetts Institute of Technology. Alex Vilenkin, russe, auteur de travaux de recherche sur la cosmologie, l'inflation cosmique, l'énergie noire et la cosmologie quantique, fait également autorité.

Nous devons également nous souvenir d'Andrej Linde, professeur de physique à l'Université de Stanford, connu pour être le père de la théorie de l'inflation chaotique. En plus de ceux-ci, de nombreux autres scientifiques doivent être considérés comme fiables, car ils ont largement contribué aux connaissances scientifiques actuelles.

En réalité, notre univers peut ressembler à une minuscule coquille de noix, dans une réalité cosmique qui ne pourrait être plus infinie.

Combien de types de multivers existent?

En 2011, un livre de Brian Greene intitulé "La réalité cachée: Univers parallèles et lois profondes du cosmos" (The Hidden Reality: Parallel Universes and the Deep Laws of the Cosmos) a été publié. L'auteur énumère neuf types d'univers parallèles plausibles, c'est-à-dire qu'ils ne résultent pas de fantasmes ou d'idées farfelues, mais compatibles avec les théories scientifiques. Ces théories ne sont pas confirmées, mais naissent dans des environnements accrédités qui les rendent dignes de considération.

Brian Greene est un physicien américain, l'un des plus célèbres partisans de la théorie des cordes. Parmi ses hypothèses sur les multivers, je n'en rapporte ici que quelques-unes. J'ai choisi ceux qui pourraient être intéressants pour les sujets abordés dans ce livre. Ceux qui veulent en savoir plus sur le sujet peuvent facilement trouver le livre de Greene à vendre.

Le paysage multivers (The landscape multiverse)

Le multivers "paysage" est constitué "d'espaces Calabi-Yau". Ces espaces sont des paysages sur lesquels le multivers apparaît. Ces espaces sont liés à la théorie des cordes, qui prédit l'existence d'un nombre de dimensions compris entre 10 et 26, soit bien plus que les quatre que nous connaissons (longueur, largeur, hauteur et temps). Les autres dimensions seraient cachées et "enroulées" à chaque point de l'espace-temps. Cependant, même si elles sont cachées, ces dimensions peuvent changer leurs niveaux d'énergie en raison de fluctuations quantiques.

De cette manière, de nouveaux espaces sont créés, chacun avec des lois différentes.

Actuellement, l'expansion de l'univers s'accélère. Cette accélération serait due à la "constante cosmologique", c'est-à-dire à une énergie noire qui imprègne l'espace. Actuellement, nous ne savons pas ce qu'est l'énergie noire et nous ne savons même pas pourquoi elle a sa valeur spécifique. Certains attribuent cette valeur au principe anthropique, c'est-à-dire à l'idée que l'univers a été conçu pour permettre l'existence de la vie et de l'homme.

En appliquant le principe anthropique, nous comprenons que le nôtre n'est qu'un des nombreux univers possibles. Les autres univers peuvent avoir des valeurs d'énergie sombre égales ou différentes. Ces valeurs sont conçues sur mesure pour la forme de vie qui doit être développée dans cet univers.

Le multivers quantique (The quantum multiverse)

En mécanique quantique, la matière est composée de particules ou d'ondes. Cela signifie qu'il n'est pas possible de déterminer la vitesse d'une particule et sa localisation en même temps.

En d'autres termes, nous ne pouvons pas connaître avec précision la localisation spatiale d'une particule. Par conséquent, les particules sont décrites dans l'équation de Schrödinger. Cette équation détermine la probabilité qu'une particule se trouve à un endroit plutôt qu'à un autre. Ce n'est que lorsqu'une particule est observée qu'elle "s'effondre" et que sa position devient certaine.

Dans le multivers quantique, un nouvel univers est créé chaque fois qu'un événement a des probabilités différentes.

Ceci est "l'interprétation de plusieurs mondes" par Hugh Everett (Many Worlds Interpretation). Cette interprétation prédit que chaque mesure ou chaque observation provoque la division de notre réalité en plusieurs mondes.

La particule, en tant que fonction d'onde, est soumise au principe quantique de "superposition d'états" (superposition of states), de sorte qu'elle peut se trouver simultanément à deux ou plusieurs endroits différents. Alors que dans notre univers la particule est à un certain point, dans d'autres univers, temporairement, elle peut être trouvée à différents points.

Le multivers simulé (The simulated multiverse)

Ce type de multivers existe dans des systèmes informatiques complexes qui simulent le fonctionnement de nombreux univers. Selon cette interprétation, nous vivons dans un univers artificiel créé sous forme de simulation sur un ordinateur super avancé.

Probablement, dans un avenir lointain, les progrès de la technologie permettront la création d'ordinateurs capables de simuler un univers entier. Cependant, il n'est pas clair si un être comme l'homme, doté d'une conscience, peut être créé et simulé par un ordinateur.

Le physicien et mathématicien Roger Penrose a démontré, à partir du théorème d'incomplétude de Gödel, que certaines fonctions de notre cerveau sont impossibles à reproduire pour n'importe quel ordinateur. Par conséquent, cette hypothèse multivers est actuellement totalement exclue.

Toutefois, si à l'avenir, il sera possible de créer des univers simulés, il existera dans chaque univers simulé des civilisations technologiques capables, à leur tour, de créer des univers simulés.

Le multivers ultime (The ultimate multiverse)

Ce multivers contiendrait tous les univers mathématiquement possibles, chacun avec différentes lois de la physique. C'est la catégorie la plus philosophique.

Le multivers final découle du "Principe de fécondité" théorisé par le philosophe américain Robert Nozick. Selon ce principe, chaque univers possible est réel. En vérité, ce principe a des origines bien plus anciennes et remonte à Platon qui l'appelait "Principe de plénitude".

La brane multivers (The brane multiverse)

Ce multivers est issu de la théorie M "La Mère de toutes les théories", (The Mother of all theories). Hawking a travaillé sur ce projet au cours des dernières années de sa vie. La théorie M tente d'unifier toutes les théories existantes et toutes les interactions fondamentales de la matière (gravité, forces nucléaires et force électromagnétique). Selon la théorie, chaque univers serait une brane en trois dimensions. Prenons un exemple. Si les branes en trois dimensions sont des tranches de pain, le multivers est le pain qui comprend toutes les tranches.

Esthétique de la science

Ces modèles multivers ne peuvent être vérifiés expérimentalement, ce qui les situe pour le moment dans le champ de la philosophie ou de la métaphysique.

Cependant, l'expérience nous rappelle que de nombreuses découvertes scientifiques sont le fruit d'intuitions excentriques ou extravagantes. Bien entendu, cela ne se produit que dans quelques cas particuliers. En effet, cela arrive rarement

Alors pourquoi les scientifiques se sont-ils engagés dans le développement de certaines théories, sachant qu'il sera difficile de trouver une confirmation?

Probablement, le scientifique est comme un artiste. Il ressent le besoin d'exprimer, avec les outils qu'il possède, l'esthétique de sa pensée.

De la même manière que l'esthétique de l'art existe, il y a aussi une véritable esthétique de la science. Cette fonctionnalité complète la beauté mathématique et la logique des études scientifiques.

Le physicien indien Subrahmanyan Chandrasekar, prix Nobel de physique 1983, a écrit l'essai "Vérité et beauté. Les raisons de l'esthétique scientifique". (*Truth and Beauty: Aesthetics and Motivations in Science*). Dans le commentaire d'introduction, nous pouvons lire cette dé-claration:

"Une grande théorie scientifique est aussi une œuvre d'art. Pour les plus grands scientifiques, la beauté a toujours été l'un des objectifs à atteindre, un guide sur le chemin de la vérité ".

John Sullivan, auteur des biographies de Newton et Beethoven, écrit dans "*Athenaeum*" en mai 1919:

"L'objectif premier de la théorie scientifique est d'exprimer les harmonies observées dans la nature. En conséquence, ces théories doivent avoir une valeur esthétique. En effet, la mesure du succès d'une théorie scientifique est la mesure de sa valeur esthétique.

En effet, une théorie scientifique est d'autant plus valable que plus elle introduit l'harmonie là où il y avait le chaos.

La justification d'une théorie scientifique et de la méthode scientifique peut être trouvée dans leur valeur esthétique. Les raisons qui guident le scientifique sont, dès le début, des manifestations de l'impulsion esthétique.

La science ne peut être considérée inférieure à l'art que lorsqu'il s'agit d'une science incomplète. "

L'intelligence au centre de l'univers

*Ce n'est pas la Matière qui génère la Pensée,
mais c'est la Pensée qui génère la Matière.*

(Giordano Bruno, philosophe)

Le rôle de l'observateur

Nous devons maintenant revenir à l'expérience de la double fente, décrite ci-dessus, pour faire quelques observations importantes sur le rôle de l'observateur. Nous parlons de la figure de l'observateur comprise selon la théorie quantique.

La conséquence la plus importante de l'expérience en double fente est que l'observateur peut déterminer le comportement du photon simplement en l'observant. En termes symboliques, nous disons que le "regard" de l'observateur modifie le comportement de la matière.

Cela se produit non seulement avec les photons, mais avec toutes les particules élémentaires, telles que les protons et les électrons.

John Wheeler était un physicien américain. Il était une figure charismatique dans la physique des années 30 et 40. De nombreux physiciens célèbres ont grandi sous le leadership de Wheeler, y compris Richard Feynman.

Wheeler a notamment inventé le terme "trou de ver" pour indiquer les tunnels spatiaux permettant la connexion des différentes régions de l'espace-temps.

Wheeler pense que l'implication de l'observateur dans la réalité subatomique est certainement l'aspect le plus important de la physique quantique. Wheeler propose donc de remplacer le terme "observateur" par celui de "participant". Il exprime cette croyance dans une citation célèbre:

"La mesure change l'état de l'électron. Après la mesure, l'univers n'est plus le même. Pour décrire ce qui s'est passé, nous devons éliminer l'ancien mot "observateur" et le remplacer par le nouveau terme "participant". En un sens, l'univers est un univers basé sur la participation ".

Au niveau des particules élémentaires, la conscience de l'observateur peut participer au fonctionnement de la matière, voire déterminer ce fonctionnement.

Pour l'instant, cela s'applique aux particules simples. Cependant, tout dans l'univers est constitué de particules simples. A travers des études ultérieures, nous découvrons que la conscience peut également intervenir sur des agrégations de photons, atomes, molécules. Peut-être qu'à l'avenir nous découvrirons que la conscience peut intervenir sur des organismes biologiques entiers.

Peut-être parlons-nous de ce phénomène appelé psychokinèse dans le domaine extrasensoriel?

La psychokinésie ou télékinésie ou Pk est un phénomène paranormal. Selon la psychokinésie, un être vivant est capable d'agir sur l'environnement qui l'entoure et de manipuler des objets inanimés par des moyens inconnus de la science.

Grâce à la psychokinésie, il serait possible de déplacer des objets, de plier des métaux, de mettre en mouvement des machines et d'effectuer de nombreuses autres actions. Tout cela serait possible, avec le seul pouvoir de l'esprit. La science ne reconnaît pas cette possibilité et la considère comme un fantasme.

J'ajoute quelques considérations philosophiques.

La science officielle a prouvé qu'en observant une seule particule, il était possible d'influencer son comportement. L'observation réduit la particule dans un état donné.

Bien sûr, tout ce qui se passe autour de nous est le résultat de particules qui s'effondrent dans certains états plutôt que dans d'autres. De plus, il est vrai que nous sommes les observateurs, donc nous sommes ceux qui causons l'effondrement.

Par conséquent, le ciel nous apparaît en bleu et l'écorce d'une pomme nous apparaît en rouge pour la raison que, en les observant, nous déterminons nous-mêmes cette couleur.

Il est vrai que nous voyons tous la même couleur, mais pas exactement la même chose. Pour cela, nous pouvons imaginer avoir été conçu avec des compétences de base communes. Il était nécessaire de maintenir l'ordre dans la création. Celui qui nous a conçus l'a fait avec une grande sagesse, avec un grand équilibre.

Nous ne sommes pas destinés à souffrir passivement de ce qui se passe autour de nous. Selon ce projet, nous sommes des réalisateurs et des bâtisseurs de l'univers qui nous entoure.

Nos sens ont été conçus pour effondrer la réalité au moment même où elle s'effondrait.

Il y aurait beaucoup d'autres possibilités. Par exemple, nous pourrions voir un ciel rayé rouge-vert ou une mer d'eau jaune. Mais ces possibilités disparaissent lorsque nous "regardons" le ciel et la mer, et notre regard produit les couleurs et les transparences connues.

De même, les goûts que nous goûtons et la dureté au toucher que nous percevons sont le résultat de l'effondrement des particules élémentaires impliquées dans ces phénomènes.

Cela confirme la pensée la plus ancienne de l'humanité. Nous ne sommes pas que des produits du hasard. Nous ne sommes pas prisonniers dans un univers qui ne se soucie pas de notre insignifiance. Nous vivons plutôt dans un univers construit à notre mesure. Plus: nous contribuons nous-mêmes à la construction de notre univers.

Une némésis scientifique

Dans ce chapitre, nous voyons comment l'humanité assiste à une némésis scientifique. Il y a quelques siècles, certains scientifiques ont retiré la Terre du centre de l'univers. Aujourd'hui, d'autres scientifiques placent l'homme dans la même position. Nous aborderons la confirmation de cette déclaration étape par étape.

Isaac Newton, mathématicien et astronome anglais, a élaboré les lois du mouvement. Newton publia les résultats de ses recherches en 1687 dans le volume *"Philosophiae Naturalis Principia Mathematica"*. Tous les érudits qui lisaient ce livre comprenaient qu'il serait possible de déterminer la trajectoire de tout projectile, en plus de l'orbite de tout corps céleste.

En 1845, l'astronome français Urbain-Jean-Joseph Le Verrier calcula la position d'un mystérieux corps céleste responsable du fonctionnement irrégulier de l'orbite d'Uranus. Il l'a fait en appliquant les principes newtoniens.

En 1846, le scientifique allemand Johann Gottfried Galle put observer le corps céleste de Le Verrier. Ce corps est devenu la huitième planète du système solaire, avec le nom de Neptune.

Cette confirmation, ainsi que d'autres confirmations de la théorie newtonienne, suggèrent que, connaissant les forces en jeu, il aurait été possible de déterminer avec une précision absolue le mouvement de tout objet céleste.

En fait, il était possible de calculer les tables des éphémérides. Ces tables contiennent les coordonnées des étoiles en fonction du temps, c'est-à-dire qu'elles prédisent les positions que les corps célestes prendront ultérieurement.

L'enthousiasme était grand, au point que l'astronome français Pierre-Simon de Laplace (1749-1827) a déclaré:

> "Si la position et le moment d'une particule étaient connus avec précision à un instant donné, alors, connaissant toutes les forces agissant sur la particule elle-même, son mouvement serait déterminé, de manière univoque, à tous les instants suivants. Cela serait possible en utilisant les équations de la mécanique ".

En termes plus simples, Laplace voulait dire que s'il avait été possible d'analyser les données relatives à la position et à la vitesse de toutes les molécules et atomes présents dans l'univers, la conséquence en aurait été ahurissante. En pratique, en utilisant ces connaissances, il aurait été possible d'établir les futurs mouvements de chaque corps céleste. En pratique, le destin de l'univers aurait pu être calculé.

La déclaration de Laplace, malgré ses caractéristiques purement scientifiques, avait des implications philosophiques très pertinentes.

Selon Laplace, si la situation de l'univers était connue à un moment donné, il aurait été possible de calculer tout ce qui s'était passé dans le passé et tout ce qui se serait passé dans le futur.

Ainsi Laplace a renforcé l'idée, déjà largement répandue dans les milieux scientifiques, d'un univers absolument mécanique, régi par le hasard et la matière.

L'univers était semblable à un jouet à ressort géant, un mécanisme mécanique capable d'effectuer des opérations pré-ordonnées de manière dynamique. Mais dans cet univers, toute activité résultant du libre arbitre aurait été exclue.

Par conséquent, l'homme, étant composé de particules matérielles, est soumis aux règles de Newton, c'est donc un jouet mécanique capable de se déplacer uniquement de la manière permise par les engrenages. Ce "jouet" peut continuer à bouger jusqu'à ce que le printemps soit déchargé, il n'a aucune chance de changer son destin.

Ces conclusions ont confirmé le concept de "déterminisme" déjà en vogue depuis le XIVe siècle. Selon le déterminisme, tout évolue avec une précision mécanique, quels que soient les désirs et la volonté de l'homme.

Après avoir retiré la planète Terre du centre de l'univers, l'homme a également été retiré du centre de la création. L'homme est devenu une créature créée par hasard sur une minuscule planète située au bord de la galaxie.

Entre le dix-neuvième et le vingtième siècle, la vision du monde a radicalement changé lorsque la physique et l'astronomie ont atteint des niveaux de connaissances inimaginables.

Coïncidences étonnantes

La science a pour tâche de décrire l'univers au moyen d'hypothèses et de théories exprimées sous forme de lois universelles. Très souvent, la description utilise des formules mathématiques pour atteindre la connaissance de la réalité de la manière la plus objective possible.

De cette manière, on calcule les proportions et les rapports qui restent fixes dans toutes les conditions et sont donc définis comme "constants". Ces valeurs ont une valeur inestimable. Ce sont les bases très solides à utiliser pour calculer toutes les lois qui régissent l'univers.

Bien entendu, les constantes ne sont pas le fruit du hasard et ne peuvent pas être considérées comme "una tantum" pour étayer une théorie. Les constantes doivent être confirmées comme stables, fixes et invariables dans des expériences pratiques infinies. Ce n'est qu'après que ce chemin sera accepté par tous les physiciens.

Il existe des controverses parmi les scientifiques selon lesquelles certaines constantes peuvent varier sur des millions d'années en raison de changements dans l'univers. Par exemple, nous émettons l'hypothèse que la "constante gravitationnelle universelle" (universal gravitational constant) diminue à mesure que l'univers vieillit.

Cependant, cela n'affecte pas une observation qui semble être absolument évidente pour tous: si les constantes physiques avaient des valeurs même imperceptiblement différentes, l'univers n'existerait pas ou serait totalement différent de la façon dont nous l'observons.

C'est-à-dire que l'univers est comme ça parce que les constantes qui le régulent sont exactement comme ça, au millième de millième.

Prenons le cas de la constante qui régule la force électromagnétique dans les atomes, également appelée "constante de structure fine" (*fine-structure constant*), symbole **"α"**. Un petit changement dans cette constante perturberait les relations entre les forces répulsives et attractives présentes parmi les particules élémentaires.

Dans un univers avec une valeur **"α"** différente, le Soleil, ses planètes et toute forme de vie, y compris nous-mêmes, n'existeraient plus. La "constante de structure fine" est la valeur qui régit les relations entre les principales constantes physiques de l'électromagnétisme, à savoir la charge de l'électron, la constante diélectrique dans le vide, la constante de Planck et la vitesse de la lumière. Cette constante revêt une grande importance dans les théories sur les cordes et les univers multiples.

La "constante de Planck", (*Plank constant*) communément appelée "quantum", est représentée par le symbole **"h"**. Le "quantum" est la plus petite partie des particules élémentaires qui composent la matière: électrons, protons, neutrons et bien d'autres. Le "combien" est indivisible. Sa valeur est égale à $6{,}62606876 \times 10^{-34}$ Js. Il suffit de lire ce numéro pour comprendre qu'il s'agit d'une quantité extrêmement faible. Néanmoins, il définit toutes les parties de l'univers, de la taille des atomes à la force des réactions nucléaires dans les étoiles. De plus, la lumière est composée de "quanta".

Le symbole **"G"** indique la "constante d'attraction gravitationnelle" (*gravity constant*), c'est-à-dire le coefficient de proportionnalité dans la loi gravitationnelle universelle formulée à la fin du XVIIe siècle par Isaac Newton. La même constante apparaît également dans l'équation du champ gravitationnel de la relativité générale. La constante **"G"** détermine la force, proportionnelle aux masses, avec laquelle elle attire tout objet, des pierres aux planètes, aux étoiles ou aux galaxies. La constante **"G"** est très petite, elle est égale à $6{,}67 \times 10^{-11}$ N m² / kg².

Le symbole **"e"** indique la charge en électrons. L'unité de charge électrique est égale à $1{,}60219 * 10^{-19}$ coulombs. Ce n'est pas divisible, il n'y a pas de sous-multiples. Les quarks qui ont une charge de 1/3 ou 2/3 sont liés à d'autres quarks afin de totaliser une unité entière ou un multiple.

Une autre constante qui revêt une importance absolue est la vitesse de la lumière dans le vide, représentée par le symbole **"c"**. Sa valeur est égale à 299 792 458 m / s, souvent simplifiée à 300 000 kilomètres par seconde. C'est la vitesse qui ne peut être dépassée dans la physique einsteinienne.

Les quatre forces fondamentales qui régissent la nature sont l'interaction gravitationnelle, l'interaction électromagnétique, l'interaction nucléaire faible et l'interaction nucléaire forte. Ces forces dépendent de certaines des constantes mentionnées, telles que la vitesse de la lumière, la constante de gravitation universelle, la constante de Planck, la constante de Hubble, la charge électrique de l'électron, la masse de l'électron, etc.

Mais pourquoi ces constantes ont-elles vraiment ces valeurs? La réponse peut être implicite dans une autre question: que se passerait-il si les constantes fondamentales avaient des valeurs différentes?

Nous pouvons faire des simulations, en attribuant aux constantes des valeurs légèrement différentes de celles existantes. De cette façon, nous pouvons vérifier quel type d'univers pourrait en résulter.

Toute simulation montre que, en faisant varier les constantes, les conditions permettant le développement de la vie sur Terre n'auraient pas été remplies.

Commençons par le très petit. Si la masse du proton devenait supérieure ou inférieure à la masse du neutron, tous les atomes deviendraient instables. En pratique, l'univers s'effondrerait dans un embouteillage cosmique.

Si les atomes d'hydrogène contenaient des protons et des neutrons de masse différente, il en résulterait une scission de ces atomes en neutrons et en neutrinos. Le soleil et toutes les étoiles, sans combustible nucléaire, seraient éteints.

Selon les simulations, si la force nucléaire puissante devenait moins puissante, le seul élément stable de l'univers serait l'hydrogène. Tout autre élément serait absent. Par exemple, il n'y aurait pas de carbone, qui est la base de notre vie.

Nous considérons également la densité de la matière. Si la densité était supérieure, seuls les trous noirs pourraient être formés, pas les étoiles. Même si la densité était plus petite, les étoiles ne se seraient pas formées.

Si la force de gravité était un peu plus forte qu'elle ne le serait, l'univers serait soumis à une évolution très rapide et les étoiles consommeraient leur carburant en très peu de temps.

Si, au contraire, la force de gravité était plus faible qu'elle ne l'est, la matière ne pourrait pas se condenser en nébuleuses, galaxies, étoiles et planètes. L'univers serait un espace chaotique recouvert de fragments de matière et de gaz.

En conclusion, il est clair que les lois physiques qui régissent l'univers ne pourraient pas être très différentes de ce qu'elles sont. Si ces lois étaient différentes, elles compromettraient la possibilité de la vie telle que nous la connaissons.

Quittons l'espace cosmique et évaluons d'autres coïncidences extraordinaires qui fonctionnent plus près de nous, au niveau de la planète Terre.

Considérez la distance entre la planète Terre et le Soleil. Si elle était inférieure à un faible pourcentage, comme 5%, les océans bouilliraient. Si, au contraire, la Terre était éloignée de 15% du Soleil, la planète entière deviendrait un bloc de glace. Par symétrie, les mêmes choses se produiraient si le Soleil était légèrement plus grand ou plus petit.

Les atomes de carbone et d'oxygène sont presque également présents dans les organismes biologiques. Ce léger déséquilibre rend la vie possible. Une composition différente créerait d'énormes problèmes. Par exemple, les sols avec une présence excessive d'oxygène perdraient leur fertilité car ils brûleraient toute vie à base de carbone.

L'orbite terrestre est excentrique, c'est-à-dire non circulaire mais légèrement elliptique. De plus, l'axe de la Terre est incliné. Ces deux particularités contribuent à maintenir un climat suffisamment stable et permettent aux saisons de se alterner. Cela rend possible les cultures agricoles.

Depuis quelques années, la recherche de planètes semblables à la Terre a commencé. Cette recherche est axée sur la "zone d'habitabilité". C'est une étroite bande d'espace autour de l'étoile principale. Heureusement pour nous, la Terre se situe juste dans la petite zone d'habitabilité qui entoure le Soleil. Si notre orbite était plus interne ou plus externe, la vie sur notre planète ne pourrait pas exister telle que nous la connaissons.

Figure 17 - Brandon Carter, créateur de la théorie appelée "principe anthropique". Selon cette théorie, l'univers a été "construit" pour permettre le développement de la vie intelligente.

Grâce au fait que la Terre est située dans la zone habitable du Soleil, nous pouvons avoir de l'eau à l'état liquide.

La biologie terrestre est basée sur le carbone, un atome à six protons. Le carbone n'est pas là par hasard. Cet élément est né lors de la formation de l'univers à travers des événements très complexes. Grâce à ces événements complexes, le carbone est devenu le constituant principal de notre biologie. Il est impossible de dire que cela s'est passé sans projet. Tout le carbone qui existe sur la Terre et sur d'autres planètes a été généré dans les étoiles, au cours du processus de formation de l'univers.

Le processus qui nous a amenés à être ici, à regarder, à toucher et à façonner la nature avec nos mains et nos yeux, a commencé avec la même origine que l'univers.

Après le Big Bang, le premier élément apparu était l'hydrogène équipé d'un seul proton. Seulement 200 secondes après le Big Bang, de la fusion de paires d'atomes d'hydrogène, de l'hélium a commencé à se former qui a deux protons, et de la fusion de trois atomes d'hydrogène, le lithium est né, qui a trois protons.

En poursuivant ce processus, de la fusion de deux atomes d'hélium à deux protons, est né le béryllium à quatre protons.

La prochaine étape a été la fusion des atomes de béryllium, dotés de quatre protons, avec des atomes d'hélium à deux protons. Cette fusion a conduit à la naissance de l'atome de carbone à six protons. Cependant, ces atomes de carbone étaient instables. Immédiatement après leur formation, ces atomes se sont désintégrés et ont à nouveau formé trois atomes d'hélium.

Cependant, à l'avenir, il était nécessaire d'avoir des atomes de carbone stables pour générer la vie. En particulier, une planète, la Terre, avait besoin de carbone stable. La Terre n'était pas encore née, mais le carbone stable était dans son avenir.

Incroyablement, un processus a été développé dans les étoiles pour stabiliser les atomes de carbone. Cela s'est produit lorsque l'hydrogène était rare dans les étoiles et que la température s'élevait à environ 100 millions de Kelvin. Ces conditions ont généré du carbone stable.

Tout cela se passe encore aujourd'hui, dans le cosmos, mais cela ne suffit pas. Une autre condition doit être remplie: le carbone doit quitter l'environnement des étoiles, où il est né, pour envahir les corps célestes avec des conditions de température plus favorables à la vie, c'est-à-dire les planètes.

Eh bien, un mécanisme providentiel résout ce problème. Quand une étoile, à la fin de son cycle de vie, devient une supernova, elle explose et déverse d'énormes masses de matière dans l'univers, y compris le carbone.

Il a fallu au moins dix milliards d'années pour que tout ce processus soit achevé pour la première fois, après la naissance de l'univers. Cela signifie que l'âge actuel de l'univers, d'environ treize milliards et demi, est le plus approprié. veiller à ce que des formes de vie biologiques à base de carbone puissent se développer sur la planète Terre, et probablement aussi sur d'autres planètes.

En fin de compte, nous devons reconnaître que l'univers est une structure très délicate dans laquelle est insérée une autre structure tout aussi délicate, la Terre.

L'univers et la Terre naissent de millions, voire de milliards de combinaisons possibles. Mais une seule condition a été remplie, nous sommes donc ici.

Nous avons gagné à la loterie de la vie. C'était précisément la seule combinaison qui pourrait rendre notre existence possible.

Cette déclaration a été approuvée par d'éminents scientifiques et constitue la base d'une interprétation de la vie dans le cosmos appelée "Principe anthropique" (Anthropic principle).

Selon les créateurs du principe anthropique, nous pouvons faire une déclaration apparemment banale. Nous existons et nous sommes ici pour observer l'univers précisément parce que l'univers a ces caractéristiques particulières.

Mais cela ne suffit pas, il y a beaucoup plus. Certains disent que l'univers est créé de cette façon parce qu '"une intelligence" voulait que nous soyons ici: en d'autres termes, l'homme n'est pas un produit aléatoire, mais l'objectif initial et final. L'homme est un objectif souhaité. La volonté selon laquelle l'homme doit exister a voulu et produit la création de notre univers dans la bonne conformation pour l'accueillir.

Le principe anthropique

Pour ce qui a été dit dans le chapitre précédent, la probabilité qui a conduit à la naissance de la vie, si elle était due au hasard, serait égale à 1 sur un nombre suivi d'une telle quantité de zéros difficiles à écrire complètement.

Néanmoins, dans la science traditionnelle dominée par le déterminisme, l'homme est considéré comme une expérience zoologique aléatoire, un produit secondaire de l'évolution.

Sur la base de cette hypothèse, il n'y a aucun but dans la création. Par conséquent, l'homme est un agrégat de matière qui n'implique aucun but. La conscience humaine est également considérée comme le produit d'arrangements moléculaires particuliers, qui se sont constitués, au cours de millions d'années, de mutations aléatoires et de la sélection effectuée par l'environnement.

Selon l'interprétation déterministe, des éléments tels que la conscience, la pensée, les intuitions et les désirs sont des déchets du traitement chimique du cerveau. Tous ces mouvements spirituels ne correspondent pas à la réalité, ils naissent et meurent dans les circonvolutions cérébrales. Le déterminisme positiviste soutient que toutes ces choses sont des rêves, des illusions, des épiphénomènes qui perturbent le fonctionnement de la machine. L'homme est une machine et tout le monde sait que les machines ne rêvent pas et n'ont aucun désir. Cependant, l'homme est reconnu comme ayant la capacité de se leurrer.

Évidemment, cela n'est pas conforme à ce qui a été dit dans le chapitre précédent. Pourquoi l'univers aurait-il été formé uniquement dans le but de permettre la naissance de l'être humain, si cet être n'est guère plus qu'un minéral capable de se déplacer?

Il est clair que toute l'extraordinaire cohérence des constantes de base et des conditions physiques de la planète ne peut être considérée comme aléatoire. Le cosmos est basé sur l'ordre. Il est vrai que dans la création, ils auraient pu constituer des ordres et des relations très différents qui ne permettraient pas le développement d'une vie comme la nôtre. Cela se produit probablement dans d'autres univers.

Cependant, quel que soit l'ordre établi dans un univers, il doit être basé sur des critères permettant à cet univers d'exister. L'ensemble des relations doit nécessairement être ordonné pour que tout fonctionne et pour empêcher le système de s'autodétruire.

Par conséquent, indépendamment de la présence de l'homme, tout univers de son ordre devrait être le résultat d'un processus non aléatoire. Même un univers sans vie aurait besoin d'un projet.

Cependant, dans notre univers, l'ordre créatif voulait que toutes les forces en jeu soient de nature à permettre le développement de notre vie.

Ces preuves ont permis à de nombreux scientifiques de formuler des hypothèses et de soutenir le "principe anthropique".

Si vous demandez ce que les gens pensent du principe anthropique, très peu d'entre eux pourront y répondre. Certains auront du mal à répondre à des questions beaucoup plus simples, telles que "Qu'est-ce que la gravité?"

La gravité et toutes les lois de la nature sont des normes naturelles qui fonctionnent même si nous ne savons pas comment elles le font. Par exemple, presque personne ne sait comment notre respiration fonctionne, pourtant nous respirons tous les moments de notre vie. Très rarement nous nous inquiétons de savoir comment faire, à moins que nous soyons étudiants en médecine.

Le principe anthropique est quelque chose du même type. S'il n'existait pas, nous vivrions aussi bien sans soucis.

Le fait que le principe anthropique existe a une importance tout à fait philosophique, telle que l'existence de Dieu ou le fait que la Terre tourne autour d'elle-même.

Que nous le croyions ou non, ce sont des choses qui arrivent quand même. Peut-être que c'est pourquoi nous ne nous soucions pas du tout. Nous croyons que, cependant, ces choses ne changent pas nos vies.

En fait, ce ne serait pas absolument le cas, car si la Terre ne tournait pas sur elle-même, beaucoup de choses changeraient dans notre existence physique. De même, si Dieu n'existait pas, beaucoup de choses changeraient sur le plan spirituel et dans l'issue de notre existence.

Ce qui pousse beaucoup à explorer les grands thèmes scientifiques, philosophiques et spirituels, c'est une certaine flamme qui, chez certains, brûle plus fort que d'autres.

Cette flamme est la curiosité, le désir de savoir, l'ambition de découvrir la mécanique des engrenages pour modifier à notre avantage les opérations de ce qui nous entoure, sous et au dessus du ciel.

Que nous vivions pour l'univers, ou que nous vivions dans l'univers, ou que l'univers vivait pour nous, change peu dans nos vies quotidiennes et suffit à rendre le sujet totalement hors de propos pour beaucoup.

Mais beaucoup d'autres, comme vous qui lisez ce livre, souhaitent enquêter et savoir, car la connaissance a toujours été le ressort de l'évolution humaine. Sans le développement des connaissances, nous serions toujours là pour manger des lézards crus après les avoir capturés en lançant des pierres.

Le principe anthropique est une théorie qui n'a pas encore été confirmée (ce serait très difficile à faire). Cependant, cette théorie affecte de nombreux scientifiques parmi les plus éclairés.

Naissance et évolution du principe anthropique

Paul Dirac, physicien et mathématicien, lauréat du prix Nobel de physique en 1933, est l'un des fondateurs de la mécanique quantique. Il est né à Bristol, au Royaume-Uni, en 1902. Dirac fut le premier à remarquer l'existence d'étranges affinités entre des quantités physiques très différentes.

En fait, dans les années 1930, Dirac calculait une étrange égalité. La racine carrée du nombre estimé de particules présentes dans l'univers est égale au rapport entre la force électromagnétique et la force gravitationnelle existant entre deux protons. Dirac en conclut que cette relation n'est pas constante mais qu'elle varie selon les époques cosmologiques.

À la fin des années 1950, Robert Dicke, un autre physicien expérimental américain, confirma la surprenante coïncidence découverte par Dirac. Dicke a déclaré que l'égalité des deux valeurs était plus évidente dans la première phase de l'évolution des étoiles. À cette époque, il y avait une abondance particulière de carbone, constituant fondamental des organismes vivants.

Par conséquent, la coïncidence trouvée par Dirac était sans aucun doute associée aux processus évolutifs responsables de l'apparition de formes vivantes basées sur la chimie du carbone. En 1957, Dicke exprima ses pensées avec ces mots:

> "L'âge actuel de l'univers n'est pas accidentel, il est conditionné par des facteurs biologiques. Tout changement dans les valeurs des constantes fondamentales de la physique empêcherait l'homme d'être ici pour les mesurer ".

En fait, ce fut la première déclaration du principe anthropique faible. C'était une déclaration inconsciente, car le principe anthropique n'était pas encore connu. Par conséquent, la remarque de Dicke a été accueillie avec indifférence. Son idée n'était pas sujette à des préjugés défavorables. Cependant, les préjugés sont nés avec abondance lorsque le principe anthropique a été élaboré et publié, c'est-à-dire lorsque le principe a été compris dans toutes ses implications.

La théorie a été énoncée pour la première fois, de manière officielle, en 1973 par le physicien australien Brandon Carter (figure 17). La première version de la théorie s'est traduite par diverses interprétations: le "principe faible", le "principe fort", le "principe ultime" et le "principe participatif".

Dans le principe faible, la théorie est une évidence désarmante, par conséquent, peu de personnes la contestent. Cette version stipule que l'univers dans lequel nous vivons permet la vie telle que nous la connaissons.

Cette affirmation provient d'une profonde connaissance des lois de la nature. Ces lois établissent que la vie est permise grâce à d'innombrables fortuits indispensables. Si une coïncidence n'était pas vraie ou différente, la vie n'existerait pas.

L'exposition du principe faible contient cette déclaration:

> "Les valeurs de toutes les quantités physiques et cosmologiques ne sont pas également probables. Les valeurs de ces constantes répondent à la condition qu'il doit exister des lieux dans lesquels une vie basée sur le carbone peut évoluer. De plus, ces valeurs répondent à la condition selon laquelle l'Univers est assez vieux pour donner naissance à des formes de vie à base de carbone ".

Plus tard, Brandon Carter a théorisé le principe anthropique fort. En 1986, John Barrow et Frank Tipler analysaient le principe selon la version "forte" dans le livre à deux mains "*The Anthropic Cosmological Principle*". Dans le principe fort, il est dit que l'univers "*doit*" posséder les propriétés qui permettent à la vie de se développer en son sein.

Ce "devoir" déplace le focus de purement scientifique vers philosophique ou métaphysique. En fait, le verbe "doit" présuppose l'existence d'une entité qui exprime et exerce sa volonté dans la création de l'univers. Cette affirmation est très indigeste pour la science positiviste.

Cependant, la formulation forte du principe anthropique décrit une nouvelle relation entre l'univers et l'homme. Une ancienne dignité qui avait été enlevée est récupérée et rendue à l'homme. Le principe anthropique fort éloigne l'être humain de la position marginale dans laquelle il a été relégué, de même que sa planète. Naturellement, la Terre ne retourne jamais au centre de l'univers. La position centrale est occupée par l'homme, autour duquel et pour lequel l'univers existe.

Le principe anthropique fort a le double mérite de redonner du prestige à l'être humain et de "éclairer" la science avec une nouvelle noblesse, l'éloignant de la grisaille mécanique des "Lumières". (Quand on dit le sens des mots!).

Barrow et Tipler ont été vivement critiqués car ils proposent dans leur livre un troisième type de principe anthropique, après les deux théorisés par Carter. Les auteurs proposent le "principe anthropique ultime". Avec cette nouvelle théorie, ils veulent mieux expliquer les incroyables coïncidences qui permettent l'existence de notre univers et de notre vie intelligente.

Dans le "ultime principe", Barrow et Tipler partent du postulat selon lequel, dans le cas de variations infinitésimales des valeurs des constantes cosmologiques fondamentales, l'existence de l'univers tel que nous le connaissons serait perdue. Considérant cela, ils concluent que nous ne pouvons pas étudier la structure actuelle de l'univers sans prendre en compte nos besoins physiques. La déclaration du dernier principe anthropique dit:

"Le traitement intelligent de l'information dans l'univers doit nécessairement se développer. Cette intelligence, une fois apparue, ne mourra jamais ".

Au début, le célèbre astrophysicien Stephen Hawking a exprimé des doutes. Il a déclaré que l'existence d'autres galaxies et l'homogénéité à grande échelle de l'univers pourraient être en contraste avec le principe anthropique fort.

Plus tard, cependant, lorsqu'il se consacra au développement de la théorie M, Haking changea d'avis et devint un fervent partisan du principe anthropique. Il a inséré dans plusieurs de ses équations une variable liée à cette théorie.

Enfin, un autre physicien américain réputé, John Archibald Wheeler, a suggéré la théorie du "principe anthropique participatif". Ceci est une version alternative du principe anthropique fort. Wheeler décrit ainsi sa pensée:

"L'univers doit être tel qu'il permette la création d'observateurs en son sein à un stade donné de son existence. Les observateurs sont nécessaires à l'existence de l'univers, comme ils sont nécessaires à sa connaissance. Ainsi, les observateurs d'un univers participent activement à l'existence de l'univers observé ".

Le principe participatif est une variante du principe fort. Ce principe inverse le raisonnement et soutient que l'univers existe parce que nous existons.

L'astronome américain Hubert Reeves décrit le principe anthropique comme suit:

> "Le principe anthropique peut être plus ou moins formulé de la manière suivante: puisqu'il y a un observateur, l'univers a les propriétés nécessaires pour le générer.
>
> La cosmologie doit prendre en compte l'existence du cosmologue. Ces questions n'auraient pas été posées dans un univers qui n'avait pas eu ces propriétés ".

"La mélancolie de Haruhi Suzumiya" est une série de romans écrits par Nagaru Tanigawa et illustrés par Noizi Itō. En 2003, c'est devenu une série de films diffusés dans le monde entier. Dans cette série japonaise, le concept de principe anthropique est décrit comme suit:

> "Selon cette théorie, nous observons l'univers et c'est pour cette raison que l'univers existe. L'humanité, la seule vie intelligente sur notre planète, a découvert les lois de la physique et leurs constantes et a été en mesure de décrire la manière dont l'univers est créé. De cette manière, la conscience de l'existence de la création et l'acte de l'observer finissent par coïncider ».

Toutes les dernières citations font référence à un concept qui peut paraître déroutant à l'heure actuelle, celui d'observateur. Le rôle de l'observateur est défini dans le contexte de la physique quantique et est absolument crucial. J'en parlerai longuement dans les prochains chapitres.

L'homme est-il vraiment au centre de l'univers?

Toutes les sciences, à partir de Kepler, ont considérablement réduit les ambitions de ceux qui ont placé la Terre au centre de l'univers.

Le principe anthropique remplace la centralité de la Terre par celle de l'homme. Toute création existe en fonction du développement de la vie, en particulier de la vie intelligente.

Il est facile pour nous tous d'identifier «vie intelligente» avec «homme». Lorsque nous parlons d'"homme", nous entendons "l'habitant de la planète Terre".

Au fil des siècles, notre ambition a subi d'innombrables réductions. Malgré cela, nous ne renonçons pas à occuper le rôle central que nous estimons être dû à un droit hypothétique supérieur.

Puisque nous ne pouvons plus mettre notre planète au centre de l'univers, nous occupons nous-mêmes cet endroit.

Malheureusement, cette tentative est également vouée à la mortification.

La tentative serait certainement légitime si nous vivions seuls dans l'univers. Au lieu de cela, au cours des dernières décennies, une nouvelle science a travaillé dur pour décevoir nos espoirs de suprématie universelle.

Cette science s'appelle l'exobiologie.

L'exobiologie est un domaine de la biologie qui étudie la possibilité d'une vie extraterrestre et la nature de cette vie. L'exobiologie est actuellement un secteur spéculatif, mais pour la plupart des scientifiques, il s'agit d'un domaine d'exploration valide.

Des simulations informatiques ont été réalisées sur l'existence possible de processus vitaux dans des environnements extérieurs à la Terre. Ces simulations ont indiqué l'existence possible de formes de vie similaires aux nôtres, voire alternatives. Par exemple, il peut exister des formes de vie basées sur le silicium plutôt que sur le carbone.

Au cours du siècle dernier, la plupart des scientifiques ont échangé des rires ironiques en entendant parler d'extraterrestres. Ces temps sont loin. Il existe actuellement des projets de recherche sur la vie dans l'espace financés à hauteur de millions de dollars par des États et des organisations de différents types. On peut d'abord citer le projet d'écoute radio astronomique SETI, lancé à titre expérimental en 1960.

SETI (*Search for Extra-Terrestrial Intelligence*) a été officiellement lancé en 1974 à Mountain View, en Californie. Ceci est un programme dédié à la recherche de la vie intelligente extraterrestre. SETI s'occupe d'écouter et d'envoyer des signaux radio à d'autres civilisations.

Dans les années 1960, une méthode a été créée pour mesurer la possibilité d'existence de planètes habitées par d'autres civilisations. C'est "l'*équation de Drake*". La méthode porte le nom de son créateur, Frank Drake, un radioastronome américain.

L'équation de Drake, souvent appelée "*Green Bank formula*", a été formulée en 1961. Elle représente la tentative d'estimer le nombre de civilisations extraterrestres existant dans notre galaxie, la Voie lactée.

Malheureusement, les résultats sont incertains en raison de l'absence de tout point de référence. La seule référence utile est l'existence de la vie sur Terre. Mais c'est déjà un bon point de départ. Pourquoi la vie n'existerait-elle que sur une planète parmi des milliards?

En appliquant la formule, à la lumière des connaissances astronomiques actuelles, les civilisations extraterrestres qui pourraient communiquer avec nous ne seraient des milliers que dans la Voie Lactée.

La formule de l'équation de Drake est la suivante:

$$N = R * Fp * Ne * Fl * Fi * L$$

où:

N est le résultat final, c'est-à-dire le nombre de civilisations extraterrestres présentes aujourd'hui dans notre galaxie.

R est le taux annuel moyen de formation de nouvelles étoiles dans la Voie Lactée.

Fp est le pourcentage d'étoiles ayant potentiellement des planètes. Il indique combien de planètes, parmi celles tournant autour du Soleil, seraient en mesure d'héberger des formes de vie.

Fl est le pourcentage de planètes de type Ne sur lesquelles la vie s'est réellement développée.

Fi est le pourcentage des planètes Fl sur lequel les êtres intelligents auraient évolué.

Fc est le pourcentage de civilisations extraterrestres capables de communiquer.

L est l'estimation de la durée de ces civilisations évoluées, avant leur extinction.

Depuis 1961, de nombreuses valeurs ont évolué dans un sens favorable. Le satellite Kepler, après neuf années d'exploration dans notre voisinage, a découvert environ 2600 planètes probablement habitables. C'est un pourcentage beaucoup plus élevé que celui estimé dans la formule.

Des chercheurs italiens ont récemment confirmé l'existence d'eau sur Mars. Cette découverte renforce l'optimisme quant à la possibilité de vie, passée ou future, sur des planètes apparemment inhabitées.

L'Italien Claudio Maccone, astronome, scientifique et mathématicien italien SETI, a reçu le "Prix Giordano Bruno" en 2002.

Maccone a mis à jour les valeurs de la formule de Drake en fonction des paramètres récents acceptés par SETI. De cette manière, il était possible de formuler une estimation plus précise des potentielles civilisations extraterrestres. Claudio Maccone a établi que le nombre hypothétique se situait entre 0 et 15 785, avec une moyenne approximative de 4 590.

Il y a 75% de chances que ces civilisations se trouvent entre 1 361 et 3 979 années-lumière.

Cependant, cette distance est énorme, ce qui semble exclure toute possibilité de communication.

Coopération du renseignement

La recherche scientifique nous a habitués à des progrès incroyables et à des hypothèses de science-fiction. Souvent, ces hypothèses deviennent une réalité quotidienne en quelques décennies, voire en quelques années.

La physique quantique, avec des expériences d'enchevêtrement, a montré que les particules élémentaires peuvent communiquer sans contraintes de temps et d'espace.

L'hypothèse des "trous noirs" et de la "théorie des cordes" (Black holes, String theory) sont pratiquement vierges. De là, des révolutions d'époque pourraient survenir dans le développement des communications et dans la possibilité de voyager à travers des wormholes (tunnels spatiaux).

En parcourant les wormholes, il est possible de surmonter la vitesse de la lumière en tirant parti de la courbure de l'espace. Les lois de la relativité rendent également possible le voyage dans le temps.

Nous pouvons émettre l'hypothèse que dans deux ou trois générations, nos descendants connaîtront d'autres civilisations. Bien sûr, cela ne peut se produire que si l'homme ne s'autodétruit pas avant que cela se produise.

Que se passera-t-il lorsque nous rencontrerons d'autres civilisations? Personne ne sait.

L'humanité est certes composée d'explorateurs et de pionniers depuis que l'homo sapiens a envahi les territoires des Néandertaliens. Cette propension a été confirmée lorsque les navigateurs, voyageant sur de minuscules bateaux, ont dépassé les eaux d'océans inconnus.

Le but déclaré des explorations était le désir d'exporter la civilisation ou l'Évangile. Malheureusement, il y avait aussi un but non déclaré. Cet objectif a inévitablement conduit au vol et à l'exploitation. Toutes les explorations, en réalité, ont été financées pour obtenir des avantages économiques.

Heureusement, le temps et les révolutions ont permis de transformer les populations exploitées en communautés indépendantes.

Il y a des territoires qui ont été initialement exploités par les puissances européennes. Nous pouvons citer des continents entiers, tels que l'Amérique du Nord ou l'Inde. Aujourd'hui, ce sont des nations indépendantes. Leurs populations ne sont plus considérées comme inférieures, car elles contribuent au développement d'une civilisation de plus en plus tournée vers le progrès. La civilisation d'aujourd'hui est inspirée par les valeurs de l'amitié et de la fraternité, même s'il s'agit souvent de valeurs nominales.

Avec quel esprit l'homme terrestre abordera-t-il les autres civilisations extraterrestres? Le fera-t-il avec l'esprit du vol, qui lui a toujours été sympathique? Et ces civilisations, dont beaucoup seront certainement plus avancées, comment vont-elles nous approcher?

Nous pouvons faire une prévision. Au cours des siècles de découvertes géographiques, l'objectif était de rechercher de l'or, de l'argent et d'autres matériaux précieux. Aujourd'hui, cependant, le bien qui peut affecter à la fois les civilisations extraterrestres et notre civilisation en est un autre: le savoir.

La connaissance est une matière première qui ne nécessite pas de transport de vaisseaux spatiaux géants. De plus, la connaissance n'appartient pas à un seul individu mais à des systèmes entiers qui travaillent ensemble pour la maintenir et la développer. En conséquence, le savoir ne peut être extorqué par la violence à l'encontre des individus.

L'échange de connaissances nécessite une collaboration volontaire et consciente. C'est le genre de collaboration qui se produira probablement avec les civilisations extraterrestres.Il est bien évident que lors d'un voyage d'exploration spatiale, il ne sera plus possible d'atterrir sur la planète X en distribuant des miroirs et des colliers aux habitants. Bien sûr, nous n'accepterions même pas de telles marchandises si un extraterrestre atterrissait dans l'une de nos villes.

Probablement, compte tenu des immenses distances, les échanges futurs ne peuvent avoir lieu que sous forme symbolique, par la transmission de la pensée ou à l'aide de nouvelles technologies, le tout à développer.

Il est évident que la taille différente des planètes, la conformation différente de l'atmosphère et les différentes conditions de pression, de gravité, de chaleur, de cycles circadiens et saisonniers rendront impossible la vie physique d'autres espèces à la surface de la Terre. Nous aussi aurions des difficultés à nous adapter à la vie sur d'autres planètes. Nous prenons conscience des graves problèmes physiques auxquels les astronautes sont confrontés dans les très brefs déplacements de notre système solaire.

Un cycle d'adaptation physique aux conditions présentes sur d'autres planètes ne peut se dérouler que sur des centaines, voire des milliers de générations. À ce stade, il ne serait plus possible de distinguer entre "nous" et "eux".

Au lieu de cela, les informations scientifiques peuvent passer facilement d'une planète à l'autre.

En définitive, il est probable que, lorsque des contacts seront établis avec d'autres civilisations, l'homme fera prévaloir son caractère grégaire sur les ambitions d'oppression et de vol.

De plus, l'homme a tendance à être grégaire. Nous vivons la grégarité tellement que nous ne la remarquons plus guère. Nous créons des familles, nous organisons des groupes de travail, des comités, des conseils et des assemblées, nous nous réglementons nous-mêmes nos copropriétés, nous établissons des lois dans les villes et les pays. Les peuples et les institutions supranationales collaborent à la recherche contre les maladies, au développement de nouvelles technologies, à la diffusion des valeurs de la civilisation en tant que protection des plus faibles.

Peut-être que si nous entrons en contact avec des civilisations extraterrestres, celles-ci nous aideront à nous améliorer en nous enseignant la fraternité et la collaboration cosmique.

À ce stade, la difficulté découlant du principe anthropique sera résolue. L'univers est-il né pour favoriser uniquement la vie de l'homme sur Terre?

Nous comprendrons probablement que l'Univers est né pour favoriser toute intelligence, où qu'elle se trouve. Les habitants de la Terre et ceux d'un nombre incalculable d'autres planètes établiront des formes de collaboration qui orienteront les progrès de la société civile vers des objectifs actuellement impensables.

Nous ne pouvons pas aider mais voir en cela le projet d'un esprit cosmique. Ce projet se développe à travers des processus de synchronicité visant un objectif très spécifique: le triomphe de l'intelligence. L'intelligence triomphante sera capable de comprendre, enfin, l'esprit qui a voulu et organisé ce projet.

La synchronicité est un processus qui peut affecter les individus. Les synchronicités, à travers d'étranges coïncidences, rêves, événements apparemment déconnectés nous guident vers un processus d'amélioration psychique.

Mais les synchronicités peuvent aussi affecter des groupes, des communautés, des peuples. Ils ont intéressé des civilisations entières. Par exemple, Joseph Cambray parle d'une synchronicité qui, en quelques années, a fait fleurir la démocratie grecque.

Une synchronicité implique toute l'humanité qui a vécu pendant des millions d'années dans l'état brutal de l'âge de pierre. Au cours des dix mille dernières années, l'histoire de l'humanité a littéralement explosé, passant de l'âge de pierre à celui du voyage dans l'espace.

Une autre synchronicité fonctionne pour que toutes les civilisations de l'univers se connaissent et se comprennent, s'échangent des connaissances. À la fin de ce processus synchronique, tous les êtres intelligents seront transformés de simples mortels en nouveaux dieux.

Creatio ab nihilo

"Toute matière ne provient et n'existe que grâce à une force qui fait vibrer les particules d'un atome et maintient ensemble le minuscule système solaire de cet atome.
Nous devons supposer l'existence d'un esprit conscient et intelligent derrière cette force. Cet esprit est la matrice de toute matière. "

(Max Planck, physicien allemand, 1858-1947)

Quelles preuves avons-nous sur l'intelligence de la "Matrice Cosmique"?

"*Ex nihilo nihil fit*" est une façon de parler de la langue latine qui peut être traduite par "De rien ne vient rien". Le poète et philosophe latin Lucrèce a exprimé ce principe dans le premier livre du "*De rerum natura*" (I, 149-150):

"Nous pouvons commencer par dire que rien
ne sort de rien, par volonté divine."

Lucrèce était un disciple de la philosophie atomiste de Démocrite. Démocrite a maintenu que la matière, sous forme d'atomes, est éternelle. Même le chimiste et biologiste français Antoine-Laurent de Lavoisier, qui a vécu plusieurs siècles plus tard, a maintenu un concept similaire:

"Rien n'est créé et rien n'est détruit, mais tout
est transformé".

Cette déclaration a soutenu la loi de conservation de la masse. Ensuite, la confirmation d'Einstein est arrivée, exprimée dans la formule la plus célèbre de notre époque: $E = mc^2$.

Avec cette formule, il est confirmé que la masse peut être transformée en énergie et inversement. Le principe selon lequel la somme d'énergie et de masse dans l'univers est constante reste valable.

La figure 15 propose une "Matrice cosmique" dans laquelle un nombre infini d'univers est généré. Cette matrice peut être infinie, car elle présente les mêmes caractéristiques que la pensée. La matrice cosmique pourrait accueillir un nombre infini d'univers autres que le nôtre. Nous ignorons l'existence de ces univers et nous continuerons probablement de l'ignorer pendant l'éternité du temps. Bien sûr, le temps est aussi notre convention.

J'ai appelé cette matrice "Esprit Universel", un nom neutre que tout le monde peut librement transférer dans d'autres concepts philosophiques ou théologiques, en fonction de sa culture et de ses croyances.

La question que nous nous posons maintenant est de savoir si cet Esprit universel est limité à générer des pensées aléatoires, incohérentes et dénuées de sens, ou si au contraire ses pensées sont ordonnées et cohérentes, c'est-à-dire intelligentes.

D'après les caractéristiques d'un "esprit", telles que nous les comprenons, les deux possibilités coexistent. Par exemple, il nous est également arrivé de développer au fil du temps un projet cohérent avec nos intentions et notre créativité. De la même manière, notre esprit peut se perdre dans des suggestions, des imaginations, des éclairs de lumière qui s'allument et disparaissent immédiatement, des réflexions sans signification et des déductions sur des sujets qui passent rapidement et sont insaisissables.

Ceci est certainement vrai dans les rêves, quand l'esprit est libéré du conditionnement de la réalité et peut errer sans but à travers les territoires surréalistes. Ces échappées dans l'irrationalité se produisent et nous impliquent même si nous sommes des êtres intelligents.

Cependant, la plupart des élaborations cérébrales de notre esprit sont consacrées à la planification et à la mise en œuvre de projets cohérents.

En ce sens, l'esprit universel est-il intelligent?

L'esprit universel conçoit des univers. Ses pensées visent à créer des univers. Ses projets sont des coques de noix générées en quantités infinies dans un espace de pensée infini.

Nous ne savons pas si tous les univers sont conçus de manière intelligente. Autrement dit, nous ne savons pas si tous les univers sont créés dans le but de les faire se développer et évoluer de manière ordonnée vers un objectif défini.

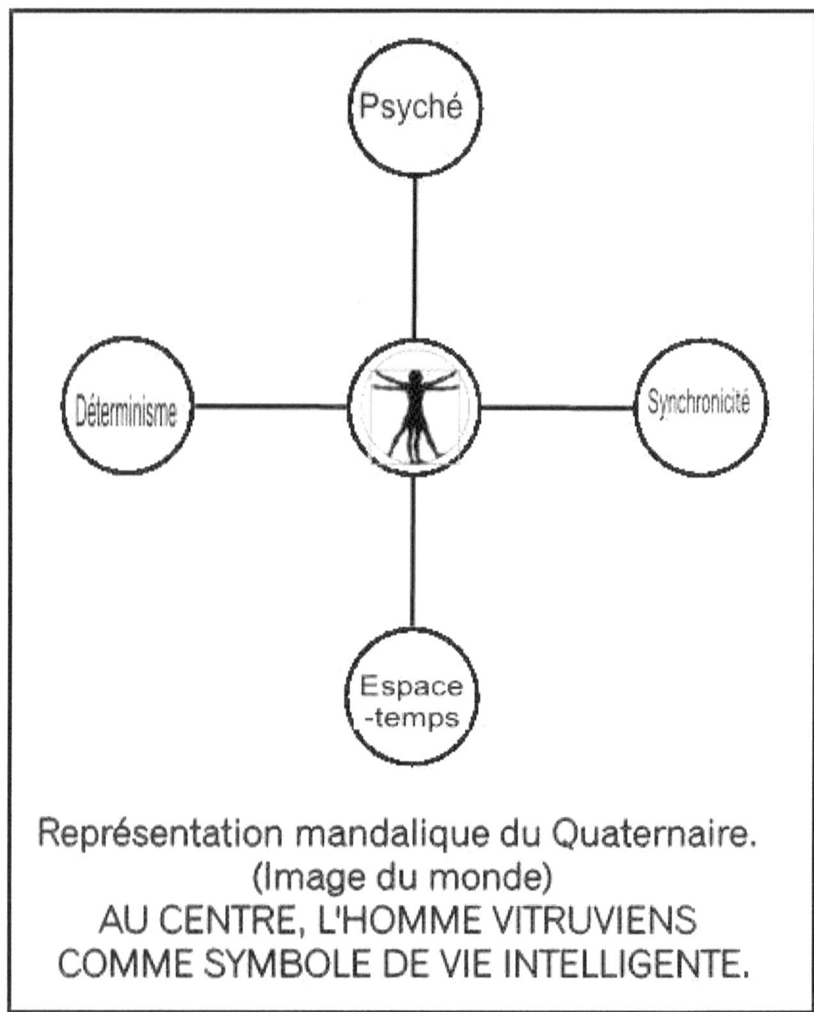

Figure 18 - Diagramme psycho-physique de Jung-Pauli représenté sous la forme d'un mandala. Le symbole de la vie intelligente est placé au centre.

Certes, cependant, notre univers a cet objectif.

D'après ce qui a été dit ci-dessus et pour toutes les raisons qui justifient la théorie du principe anthropique, notre univers est né d'un projet qui prévoyait dès le départ quelles seraient les constantes et les forces naturelles qui conduiraient au développement de la vie.

Nous sommes ici, parce que "l'Esprit cosmique" voulait que nous soyons ici. Avec une immense intelligence, le mental a mis en place les conditions optimales pour y arriver.

Mais l'univers fait de matière existe-t-il vraiment?

La théorie du Big Bang a toujours eu un point faible dans le fait que l'univers aurait pu partir d'une singularité. Il est très difficile d'imaginer qu'à l'origine du monde, toute la masse et toute l'énergie étaient concentrées à un point infiniment petit.

Les spécialistes de la cosmologie quantique ont formulé une proposition vraiment surprenante pour résoudre ce problème. C'est la théorie appelée "univers à énergie totale zéro" (Total zero energy universe).

Cette théorie repose sur l'hypothèse que l'énergie totale de l'univers est égale à zéro. En pratique, l'énergie positive due à la matière serait exactement compensée par l'énergie gravitationnelle négative. En conséquence, l'énergie est annulée pour une somme simple. Si nous ajoutons +1 à -1, le total est égal à zéro.

En 1973, le physicien américain Edward Tyron a publié un article dans la revue scientifique "Nature". Tyron affirme que l'univers entier est issu de fluctuations quantiques dans le vide. Ces fluctuations pourraient créer des paires de particules et d'antiparticules.

Stephen Hawking écrit ceci dans l'un de ses articles:

"Dans la région de l'univers que nous pouvons observer, il y a quelque chose comme 10^{80} particules de matière. D'où viennent-ils? La réponse est que, dans la théorie quantique, les particules peuvent être créées sous la forme de paires constituées d'une particule et de son antiparticule. Cela se produit à partir d'énergie.

À ce stade, cependant, un autre problème se pose. D'où vient cette énergie? La réponse est que l'énergie totale de l'univers est exactement nulle.

La matière de l'univers est constituée d'énergie positive. Cependant, il ne faut pas oublier que toute la matière est attirée par la force de gravité. Deux pièces de matériau proches l'une de l'autre ont moins d'énergie que deux pièces identiques placées à grande distance. Cela est dû au fait que, dans le cas des deux pièces voisines, il faut dépenser de l'énergie pour les maintenir séparées de la force de gravitation qui tend à les rapprocher. Au lieu de cela, dans le cas des deux pièces distantes, l'énergie nécessaire est négligeable. Donc, dans un sens, le champ gravitationnel a une énergie négative.

Si nous prenons l'univers entier, nous pouvons montrer que l'énergie gravitationnelle négative totale est exactement égale à l'énergie gravitationnelle positive totale. Le résultat est que les deux énergies s'annulent, de sorte que l'énergie totale de l'univers est nulle ".

À ce stade, la déclaration de Fracastorio dans *"La cena delle ceneri"* devient très actuel:

"Nullibi ergo erit mundis. Omne erit in nihilo. "
(Alors le monde n'existera pas. Tout ne sera rien, égal à zéro).

Il est étonnant de voir comment le personnage créé par Giordano Bruno en 1584 aurait pu avoir une intuition aussi appropriée.

Selon la théorie de "l'univers à énergie totale zéro", la masse existante dans l'univers, qui a un signe positif, est exactement égale à son énergie gravitationnelle, qui est négative.

Cela produit un effet déconcertant, qui peut être résumé en deux points et une conséquence:

- L'expansion de l'univers génère une augmentation de la gravité négative.

- La force de gravité négative génère une augmentation de masse ayant une valeur positive. Ceci arrive pour préserver l'égalité des deux gravités.

La conséquence est la suivante:

_- La masse est créée spontanément aux dépens de l'expansion de l'univers et de l'augmentation de la force de gravité négative.

En conclusion, Edward Tyron avance la possibilité que la création de l'univers part des fluctuations quantiques particulières du vide initial. Comme mentionné précédemment, ces fluctuations génèrent des paires particules-antiparticules.

De plus, ces fluctuations, partant d'une région microscopique, seraient à l'origine de petites zones qui ne sont ni homogènes ni stables du point de vue du rapport masse / gravité.

Ces zones d'instabilité, amplifiées par un processus appelé inflation, ont généré des structures de plus en plus grandes, allant jusqu'aux galaxies et aux amas de galaxies.

En d'autres termes, si nous supposons l'existence initiale du vide quantique, la formation "ex nihilo" de l'univers devient possible et dérive de lois naturelles.

Reste à savoir qui aurait écrit ces lois.

Il y a aussi un autre problème que nous ne pouvons pas résoudre ici. Si la matière et l'énergie dans l'univers sont nulles, alors la matière et l'énergie n'existent pas.

Alors, parlons-nous d'un univers ou d'un fantôme?

Y a-t-il quelque chose qui a été créé "ex nihilo", ou est-ce une grande illusion? Peut-être que tout ce que nous identifions comme "réel" n'est qu'un grand rêve. Le fait demeure que nous rêvons.

Non localité, enchevêtrement

*Du point de vue du sens commun, l'électrodynamique
quantique décrit une nature absurde.
Cependant, il est en parfait accord avec les données
expérimentales. J'espère donc que vous pourrez accepter la nature pour ce qu'elle est: absurde.*

(Richard Feynman, physicien américain)

Einstein et le principe de localité

S'il y a quelque chose qui peut contrarier un Suisse, c'est-à-dire une personne née dans le pays qui est par définition le foyer des montres, c'est le manque de précision. Si cette personne s'engage alors dans un travail méthodique qui peut être celui d'un commis d'office des brevets, on comprend alors sa déception lorsque les choses ne fonctionnent pas comme il se doit. Cela est d'autant plus vrai si cette personne, à ses heures perdues, est également mathématicienne.

Nous parlons d'Albert Einstein. Au cours de sa carrière scientifique, Einstein n'a rencontré qu'une chose qui l'irrite: "l'indétermination quantique". Einstein détestait de tout coeur le manque de discipline des particules élémentaires et leur caractéristique d'ambiguïté insaisissable. Einstein a détesté le fait que les particules élémentaires refusent de faire connaître en même temps leur position dans l'espace et leur vitesse.

Tout cela était une gifle, en effet, un mépris des règles bonnes et solides de la physique newtonienne, sur lesquelles Einstein a fondé sa théorie la plus connue, celle de la relativité.

Les lois newtoniennes reposent sur le "principe de causalité", également appelé déterminisme. L'univers est fait de matière. Dans le domaine de la matière, rien ne se produit par hasard, tout se produit à la suite de quelque chose qui s'est passé auparavant. La matière attire et repousse, se heurte, se déplace ou reste immobile. Dans ces mouvements, la matière paie un prix avec une monnaie appelée énergie.

Seule une certaine énergie, appliquée à la matière, donne lieu à une action ou à une chaîne d'actions.

Imaginez un match de football. Il y a un ballon bien placé sur le tache dans la surface de réparation qui attend qu'un joueur la lance vers le but. Pensez-vous que le ballon se lancera vers le but de l'adversaire sans recevoir le coup de pied du joueur?

Imaginez un golfeur qui se prépare à frapper la balle pour la lancer vers le trou. Ce joueur est apparemment impassible, mais son âme est impliquée dans des centaines d'élaborations mentales. Il doit calculer avec la plus grande précision quelle force et quel angle il doit donner à la balle pour la diriger vers l'objectif.

En fait, rien ne se passera par hasard. La balle atteindra exactement le point correspondant à la poussée reçue. Le succès du lancement ne dépend que de deux facteurs. Le premier facteur est la précision des calculs effectués par le lanceur. Le deuxième facteur est la capacité du joueur à transférer les calculs à son bras. Imaginez qu'une balle, basée sur les calculs, atteigne un millimètre du bord du trou. Il n'arrivera jamais que le ballon décide, de sa propre initiative, d'aller un peu plus loin. Même les cris et les sollicitations du public ne peuvent pousser la balle d'un millimètre plus loin.

Nous savons comment calibrer notre énergie pour obtenir les résultats souhaités, car nous savons que les objets répondent avec une précision absolue à nos "commandes".

Pour cela, nous pouvons lancer des sondes dans l'espace et les faire atterrir précisément dans des lieux fixes, qu'elles soient sur la Lune, sur Mars ou ailleurs.

Récemment, l'Agence spatiale européenne, avec la mission Rosetta, a lancé une sonde spatiale exactement sur une comète en mouvement. Cette comète, connue sous le nom de 67P / Churyumov-Gerasimenko, n'est qu'une petite pierre avec un noyau de 3 km de diamètre, parcourant des milliers de kilomètres dans l'espace. Nous l'atteignons avec une précision absolue.

La causalité est-elle la base de toutes choses?

En 1950, Alan Turing écrivait ceci dans son livre "Machines à calculer et intelligence":

"Si nous déplaçons un électron au milliardième de centimètre, cela peut faire la différence entre deux événements très différents. Par exemple, un an plus tard, ce mouvement pourrait entraîner la mort d'un homme en raison d'une avalanche ou de son salut. "

En 1972, Edward Lorentz donna une conférence intitulée "Si un papillon battait des ailes au Brésil, pouvait-il provoquer une tornade au Texas?"

Dans le monde scientifique actuel, tout peut être pesé, mesuré et déterminé en laboratoire. Ce monde est placé dans une dimension où le temps avance seulement. Dans ce monde constitué uniquement de matière, la réponse à la question de Lorentz pourrait être "oui".

En fait, du point de vue de la physique newtonienne, chaque événement peut être prédit aussi longtemps qu'il peut être mesuré. Pour que la mesure soit possible, les pièces en jeu doivent avoir un poids, une taille et une place dans l'espace. C'est-à-dire que les pièces à mesurer doivent être de la matière ou du temps. Le temps est également mesurable.

Sur le fait qu'un papillon au Brésil peut provoquer une tornade au Texas, nous pouvons avoir des doutes.

Si cela pouvait arriver, ce ne serait qu'une conséquence très indirecte. Cependant, cette possibilité fournit tellement de variables qu'elle ne peut pas être calculée même avec les ordinateurs les plus puissants.

En physique, il existe le principe de "localité", selon lequel des objets distants ne peuvent avoir une influence instantanée les uns sur les autres. Un objet n'est directement influencé que par une force placée dans son voisinage immédiat. Il est nécessaire de prendre en compte l'affaiblissement de la force de gravité lorsque la distance augmente. En outre, un signal envoyé de quelque manière que ce soit à un objet distant a besoin de temps pour franchir la distance et sa vitesse ne peut dépasser 300 000 kilomètres par seconde, c'est-à-dire la vitesse de la lumière.

Einstein était très inquiet lorsque des signes de l'existence de relations "non locales" entre particules élémentaires ont commencé à arriver de la physique quantique.

Les problèmes qui le troublaient le plus étaient ceux posés par le "principe d'incertitude". Ce principe, énoncé en 1927 par Werner Heisenberg, représente un concept fondamental de la mécanique quantique et constitue une rupture irréparable par rapport aux lois de la mécanique classique.

Heisenberg a montré qu'il n'est pas possible de connaître simultanément et précisément deux "variables conjuguées".   Par exemple, il n'est pas possible de connaître en même temps la position précise d'une particule et son impulsion, ou sa vitesse.

Cela contrastait nettement avec les exigences de la physique classique. Rappelez-vous qu'avec la physique classique, on peut tout calculer si on connaît les valeurs de départ. Pour calculer la trajectoire d'une capsule spatiale ou d'une boule de billard, j'ai besoin de savoir exactement où elle se trouve au début, quelle poussée la reçoit et à quelle vitesse elle se déplacera.

En physique quantique, ces valeurs ne sont jamais disponibles simultanément.

Si nous mesurons la position et le moment d'une particule en même temps, les valeurs obtenues sont absolument incertaines. Cette incertitude ne découle pas des techniques de mesure, mais est la conséquence de la réalité quantique qui est une "réalité probabiliste".

Le concept de probabilisme est clair si nous revenons à l'expérience de la double fente: un photon jeté contre la barrière avec deux fentes a la probabilité de se croiser, il les croise donc tous les deux.

Seul l'observateur peut réduire les différents états probabilistes en un seul point. Dans une situation non observée, tous les états probabilistes existent. En parlant de probabilisme quantique, Einstein prononça la célèbre phrase:

"Il est difficile de regarder les cartes que Dieu a en main, mais je ne peux même pas croire un seul instant que Dieu joue aux dés".

Enchevêtrement quantique

La réalité quantique ne répond pas aux critères de la physique classique locale, elle est donc appelée "non locale". Dans le domaine non local, il existe des événements et des démonstrations qui ne souffrent pas des restrictions typiques du domaine local. Les événements de domaine non locaux ne sont pas limités par le temps ou la distance. Dans ce domaine, il n'y a ni "hier et aujourd'hui" ni "avant et après". Il n'y a que "maintenant et toujours". De même, il n'y a pas "haut et bas", "près et loin", mais seulement "ici et partout".

La confirmation la plus évidente de l'existence du domaine non local est donnée par l'une des expériences les plus célèbres de la physique quantique. Il s'agit de l'expérience réalisée en 1982 sous la direction du chercheur français Alain Aspect. Cette expérience a confirmé la théorie de l'intrication quantique et mis fin à une très longue période de protestations. Les principales thèses opposées ont été soutenues d'une part par Niels Bohr, directeur du groupe d'étude appelé "Copenhagen School" et d'autre part par Albert Einstein.

La caractéristique la plus surprenante et intrigante des particules subatomiques est leur capacité à échanger instantanément des informations entre elles. En pratique, les informations ne passent pas par un espace physique pour relier les deux particules, c'est-à-dire qu'elles ne créent pas de chemin entre l'une et l'autre. Le niveau non local est purement psychique. Au niveau non local, échanger des informations revient à échanger des idées.

"Entanglement" est un terme anglais qui signifie "tissage". Ce terme représente l'entrelacement qui s'établit entre deux "particules corrélées" nées ensemble. Aujourd'hui, les expériences d '"enchevêtrement" ne concernent pas que deux particules. L'enchevêtrement quantique peut également être réalisé parmi des millions de particules apparentées en laboratoire. On ne peut s'empêcher de remarquer que, si nous considérons l'univers comme un grand laboratoire, le Big Bang, dans son explosion créative, a mis en corrélation toutes les particules existantes.

Le problème qui se pose à la physique classique n'est pas le fait qu'un entanglement est établi. Le vrai problème est que cette entanglement déforme toutes les lois de la physique classique, c'est-à-dire les piliers sur lesquels repose la science moderne.

La physique classique établit certaines choses, notamment:

- La réalité est causale et mécaniste: chaque action est la réaction dérivant d'une action antérieure et est la cause d'actions ultérieures.

- La limite de vitesse de la lumière ne peut pas être dépassée.

- Chaque force (gravitationnelle, magnétique, etc.) diminue en fonction de la distance.

- La flèche du temps établit une hiérarchie rigide dans l'évolution de chaque événement. Ce qui se passe en premier lieu est la cause de ce qui se passe ensuite et le contraire ne peut jamais être vrai.

Au niveau des particules élémentaires, aucune de ces règles n'a plus de valeur.

Commençons par le fait que les deux particules liées peuvent être obtenues de différentes manières, mais dans tous les cas, elles ont des "spins" opposés. Une particule a un spin "moitié négatif" et l'autre, un spin "moitié positif". Le spin est une propriété similaire au sens de rotation (droitier ou gaucher)

Si l'une des deux particules inverse le spin, l'autre l'inverse, non pas immédiatement, mais simultanément. Peu importe la distance entre les deux particules dans l'univers. Donc:

- La limite de vitesse de la lumière n'est plus valide.

- Le principe selon lequel les forces s'affaiblissent en fonction de la distance n'est plus valable.

- Puisqu'il n'y a pas de différence de temps entre l'inversion des deux particules, la flèche du temps n'est plus valide et il n'y a pas de lien de causalité.

La première confirmation pratique est celle de l'expérience menée par Alain Aspect en 1980-1982. Plus tard, l'expérience a été confirmée des centaines, voire des milliers de fois.

Tout est un dans la dimension non locale

De cette expérience se pose une question qui, pour le moment, n'a pas de réponse.

Comment une particule sait-elle que l'autre change le spin?

On peut imaginer que la particule B remarque le changement de la particule A APRÈS ce qui est arrivé. Ce n'est pas le cas. En fait, la particule B le sait en même temps et les deux particules modifient simultanément le spin.

Les deux particules se comportent comme si elles étaient une seule particule, c'est-à-dire comme si elles étaient réunies au même endroit.

Cela se produit même s'ils sont placés à des distances astronomiques.

Quelles informations les deux particules ont-elles coordonnées?

Dans quel champ l'information a-t-elle voyagé pour coordonner les deux particules?

Il est nécessaire de faire l'hypothèse d'un champ, c'est-à-dire d'un espace imaginaire, qui n'est pas constitué de matière mais uniquement d'énergie et d'information. En fait c'est un espace psychique.

Est-ce peut-être le même espace que Platon a appelé "Monde des idées" et que Carl Jung a appelé plus tard "Inconscient collectif"?

C'est l'espace appelé non localité, car il ne peut être placé nulle part, mais il est partout. Il connecte l'univers entier de sorte que chaque partie de l'univers soit immergée dans ce niveau d'énergie et d'information. L'univers entier contient une seule énergie et une information unique. L'univers entier est un.

En ce niveau non local, où il n'y a ni espace ni temps, toute l'information de l'univers pénètre notre conscience

C'est l'information que Jung a appelée "archétypes". Même les épisodes de synchronicité se produisent dans la non-localité. Les synchrionicités se dirigent vers notre conscience et génèrent toutes les curieuses coïncidences dont nous sommes les protagonistes, les pressentiments, les intuitions spirituelles. Les synchronicités sont des fenêtres ouvertes sur des espaces de l'esprit.

L'âme existe

*Seul le voyageur qui a erré dans son monde intérieur
infini peut s'approcher de l'âme.
Ainsi, il découvrira que pendant des années il n'a fait
que chercher l'âme, puisque l'âme est derrière et dans
tout.*
(Carl Gustav Jung)

Vous êtes une petite âme portant un cadavre
(Epictète, philosophe grec)

L'agrégation de la matière

Toute la matière dans l'univers est constituée de particules. La manière dont la matière nous apparaît est déterminée par la manière dont les particules sont arrangées et qui sont liées par des forces attractives. L'attraction mutuelle des particules est contrastée car les particules elles-mêmes sont dans un état d'agitation perpétuelle. L'état d'agrégation de la matière dépend de la résultante de ces deux tendances opposées: l'attraction et l'agitation.

Il existe principalement trois états de la matière: solide, liquide et gazeux.

Les matériaux à l'état solide ont leur propre forme et leur propre volume. Dans les solides, les molécules sont liées entre elles par des forces intenses et occupent des positions en moyenne fixes les unes par rapport aux autres. La structure rigide de la matière solide découle de la disposition ordonnée et compacte des particules.

Même les matières liquides ont leur propre volume, mais prennent la forme du récipient qui les contient. Les particules de liquides peuvent s'écouler les unes sur les autres, car leur énergie cinétique parvient à vaincre en partie les forces d'attraction.

Dans les matériaux gazeux, les particules sont distantes les unes des autres et sont en désordre. Ils n'ont pas de volume précis. Ils sont exempts d'obstacles et ont tendance à s'étendre en occupant tout l'espace disponible. Dans les gaz, les forces d'attraction entre les molécules individuelles sont faibles.

L'état d'agrégation n'est pas une caractéristique fixe d'une substance: par exemple, l'eau peut prendre l'état solide (glace), liquide ou gazeuse (vapeur d'eau). Chaque substance peut changer d'état. Lorsque cela se produit, la substance absorbe ou libère de l'énergie sous forme de chaleur.

Les atomes qui constituent la matière sont sans âge; ils peuvent passer d'une substance à une autre, d'un corps à un autre et d'un organisme à un autre.

Qui a dit "Nous sommes des enfants des étoiles" dit une grande vérité. Les atomes de notre corps existaient bien avant nous. À notre mort, ces atomes seront recyclés dans d'autres manifestations de la matière, biologiques ou non.

Au cours de notre vie, nous avons certainement respiré au moins une molécule d'air déjà respirée par des personnalités historiques telles que Toutankhamon ou Marylin Monroe.

La grande variété de formes et de couleurs avec lesquelles le matériau apparaît à nos yeux est due au fait que les atomes peuvent se joindre de nombreuses façons et peuvent former des structures plus grandes et plus complexes.

La matière est agrégée dans des formes cohérentes et finalisées

Les atomes s'agrègent pour former des molécules. Les molécules s'agrègent pour former des corps de toutes sortes, de "Amoeba Proteus" à la galaxie d'Andromède. La première observation qui se pose spontanément est la suivante: l'amibe extrêmement petite et l'Andromède extrêmement grand contiennent un ordre merveilleux qui rend leur existence possible.

Si les amibes n'avaient aucun moyen de se nourrir et de se reproduire, et si les valeurs de base de la galaxie n'étaient pas exactement telles qu'elles seraient, elles n'existeraient pas non plus.

Tout cela est trivialement pris pour acquis, mais la question que personne ne sait comment donner une réponse cohérente est la suivante: pourquoi la matière est-elle réunie exactement comme cela?

La physique classique apporte une réponse apparemment élémentaire: la matière s'agglomère de cette manière car il existe des lois qui produisent spontanément ces agrégations.

Figure 19 - Quelques érudits qui ont contribué à une vision spirituelle et non exclusivement matérialiste de la science.

Cette réponse ne fait que pousser le problème plus loin: pourquoi ces lois existent-elles et non d'autres? Qui a établi ces lois?

En parlant du principe anthropique, nous avons rappelé les premières étapes de l'évolution de l'univers.

À peine 200 secondes après le Big Bang, l'hélium a commencé à se former à partir de la fusion de paires d'atomes d'hydrogène, et le béryllium est né de la fusion de deux atomes d'hélium.

L'étape suivante a été la fusion d'atomes de béryllium avec des atomes d'hélium, ce qui a conduit à la naissance de l'atome de carbone. Comme c'était instable, un processus a été développé pour le rendre stable. Enfin, l'explosion des étoiles a permis au carbone d'atteindre toutes les planètes, et en particulier la Terre, où il est devenu la base de la vie.

Chaque agrégation provient d'un projet

Pourquoi les atomes et les molécules s'agrègent-ils pour former le corps de l'amibe, totalement fonctionnel à tous égards? Pourquoi les autres atomes s'agrègent-ils pour former le corps d'une mouche, d'un dauphin ou d'un éléphant?

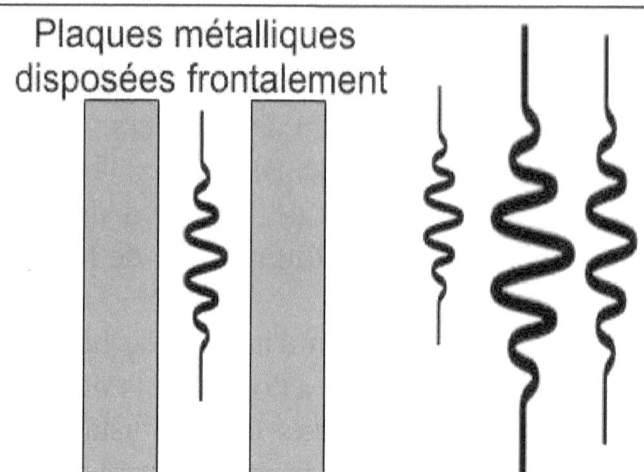

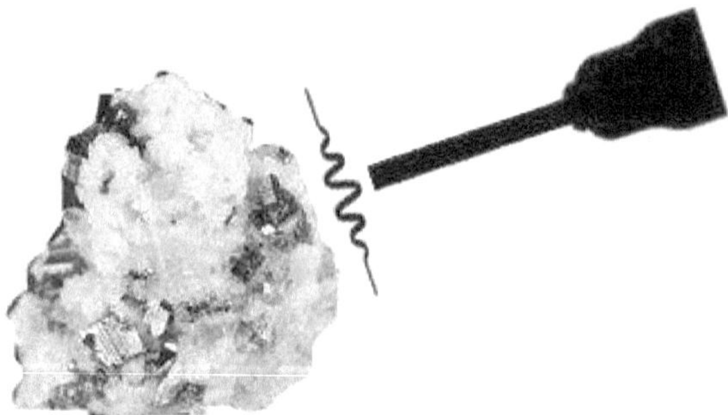

Figure 20 - L'atmosphère quantique de Frank Wilczek. Les matériaux produisent une aura mesurable.

Si tout était dû au hasard, nous aurions eu très peu d'agrégations parfaitement fonctionnelles et une énorme quantité d'agrégations irrationnelles. Mais où sont toutes ces autres formes d'agrégation aléatoires? Où sont les éléphants à trois pattes et sept yeux? Où sont les bœufs couverts de plumes avec trois crocs?

Toutes les agrégations de matière, depuis le début de l'univers, sont guidées par un projet intelligent qui transcende la matière.

Le projet existe en fait avant la matière et ne découle pas de l'évolution, mais l'accompagne. L'évolution représente le libre arbitre de la créature qui se détermine par accord avec le concepteur.

Atmosphères quantiques

Certains physiciens, étudiant les particules élémentaires, sont parvenus à une conclusion surprenante. Si nous considérons un ensemble de protons, neutrons ou électrons, dans certains cas, leur somme est supérieure à la somme des parties individuelles. Il y a quelque chose de plus que cela et nous ne savons pas ce que c'est.

Frank Wilczek, physicien au MIT et prix Nobel de physique de 2004, en collaboration avec Qing-Dong Jian, de l'Université de Stockholm, a récemment publié un article étonnant sur le Web. Dans le texte, ils affirment avoir sondé une sorte d '"aura" entourant les matériaux. Les deux scientifiques ont appelé cette "atmosphère quantique".

L'atmosphère quantique peut être mesurée. Dans cette atmosphère, nous pouvons détecter certaines caractéristiques des matériaux auparavant inconnues. Wilczek explique que:

"L'atmosphère quantique est une zone d'influence subtile autour d'un matériau".

Selon la mécanique quantique, le vide n'est pas complètement vide, mais il est rempli de fluctuations quantiques. Comme mentionné dans les chapitres précédents, des paires de particules et d'antiparticules peuvent découler des fluctuations quantiques du vide. Ces couples auraient été la cause de la formation de l'univers.

Wilczek donne cet exemple:

- Nous prenons deux plaques métalliques chargées électriquement et les mettons ensemble dans un vide.

- Des fluctuations quantiques peuvent se produire entre ces deux plaques

- évidemment, ces fluctuations ont une longueur d'onde inférieure à la distance séparant les deux plaques.

- Cependant, en dehors des plaques, des fluctuations de longueur d'onde peuvent se produire.

- En conséquence, l'énergie externe est supérieure à celle interne. Les deux assiettes se rapprochent.

C'est l'effet Casimir, qui ressemble à l'atmosphère quantique (figure 19 ci-dessus).

De la même manière qu'une plaque subit une force qui la fait approcher de l'autre plaque, une sonde et un matériau peuvent enregistrer le même effet. La sonde fonctionne comme une deuxième plaque. En outre, la sonde peut mesurer la différence de force. Cette différence de force, ou "aura", étant générée par des fluctuations quantiques, est appelée l'atmosphère quantique.

Une fois de plus, de nouvelles acquisitions scientifiques mettent en évidence des aspects surprenants de la réalité.

Cela confirme deux vérités:

- La physique quantique est absolument extraordinaire.

- Notre niveau de compréhension de cette branche de la science est toujours absolument hors de propos.

Nous sommes nous-mêmes impliqués dans cette réalité, mais nous ne le réalisons pas. Cela dépend du fait que nos sens ne sont pas en mesure d'interagir avec la réalité quantique: la vue, l'ouïe, le toucher, le goût et l'odorat ne sont pas dimensionnés pour percevoir l'extrêmement petit. Mais nous avons d'autres sens, tels que l'intuition, l'intelligence et la tendance naturelle aux réalités mystiques et spirituelles.

Ces sens, qui ne sont pas liés à la matière, peuvent nous guider vers la compréhension des secrets inhérents aux niveaux les plus profonds de l'univers.

La théorie de l'atmosphère quantique prévoit l'existence d'une composante externe à la matière, ce qui est assez surprenant.

Cependant, il existe des études de scientifiques bien connus qui confirment l'existence de quelque chose d'encore plus étonnant.

Ces études confirment sur des bases scientifiques l'existence d'une composante externe à l'homme: la conscience ou l'âme. C'est quelque chose que nos sens spirituels ont toujours compris.

Les scientifiques préfèrent parler de "conscience" plutôt que "d'âme". La conscience est définie comme "la faculté immédiate d'avertir, de comprendre, d'évaluer les faits qui se produisent dans la sphère de l'expérience individuelle ou apparaissent dans le futur".

Dans la pensée commune, la conscience est l'évaluation morale de son action. Par exemple, nous disons souvent "agir selon sa conscience".

Au lieu de cela, "âme" est un mot utilisé dans de nombreuses religions, traditions spirituelles et philosophies. Dans ces domaines, l'âme représente la partie éternelle et spirituelle d'un être vivant. Habituellement, l'âme est considérée distincte du corps physique. Dans certains cas, on pense que l'âme appartient aux hommes, mais pas aux animaux.

A partir de l'âge moderne, l'âme est progressivement identifiée à "l'esprit" ou à la "conscience" d'un être humain.

Par conséquent, la conscience et l'âme devraient indiquer la même chose. Cependant, le terme "conscience" désigne une composante que l'homme possède indépendamment des intrants externes. C'est une propriété absolument personnelle.

Au lieu de cela, le terme "âme" a subi un conditionnement culturel mûri au cours de millénaires. Sur la base de ces conditionnements, le terme "âme" se réfère instinctivement à quelque chose qui est accordé par une "Réalité supérieure". Ceci est une affectation temporaire. À la fin de la vie, nous devrons rendre l'âme, éventuellement améliorée.

En fait, la conscience et l'âme peuvent représenter exactement la même chose.

Cela est particulièrement vrai si nous considérons que la conscience, selon les études récentes de deux scientifiques très célèbres, survit dans le corps. Le corps, quand il meurt, disparaît dans la décomposition. Au lieu de cela, la conscience qui s'est formée avec ce corps reste dans l'univers.

Qu'est-ce qui nous rend conscients?

La nature de la conscience est un grand mystère qui n'a pas encore été résolu. Il y a un vaste débat en cours.

Les thèses sont principalement deux.

La première thèse, que nous pouvons définir matérialiste, affirme que la conscience n'est qu'un sous-produit des processus chimiques qui se développent lors du traitement du cerveau. Selon cette thèse, la conscience pourrait également être créée avec des procédures mécaniques, par exemple avec un ordinateur.

Cependant, il a été démontré, sur la base du théorème d'incomplétude de Gödel, que notre cerveau peut exécuter des fonctions qui ne sont pas comparables à la logique formelle. Aucun ordinateur ne peut reproduire de telles fonctions. Par conséquent, l'hypothèse d'un logiciel capable de fonctionner en tant que conscience peut être complètement exclue.

La seconde thèse a une orientation plus spirituelle. Cette thèse soutient que la conscience dérive de certaines caractéristiques qui se rapportent au cerveau, mais qu'elles ont des origines et un destin en dehors du cerveau. L'âme naît en dehors de l'homme et accompagne l'homme dans l'existence, mais ne meurt pas avec l'homme. Dans l'univers, en plus de la matière, il existe une "substance" dispersée dans l'esprit des êtres vivants. C'est-à-dire que l'univers lui-même est un "Esprit" ou "Conscience universelle". Les consciences ou les âmes des êtres vivants dérivent de cet "Esprit de l'univers". À la mort d'un être, la conscience, ou l'âme, retourne à l'Esprit universel d'où elle provient.

La physique quantique et l'âme

Deux scientifiques de renommée internationale figurent parmi les défenseurs de la thèse d'une âme ou d'une conscience qui survit au corps.

Pendant plus de vingt ans, un médecin et un physicien théoricien se sont consacrés à des études approfondies pour tenter de comprendre ce qu'est la conscience. Sur la base des dernières découvertes de leurs études, les deux scientifiques estiment qu'ils sont sur la bonne voie pour résoudre le mystère.

Roger Penrose, mathématicien, physicien et cosmologue britannique, est l'un des deux scientifiques (figure 19). Il est connu pour ses travaux dans le domaine de la physique mathématique, en particulier pour ses contributions à la cosmologie. Penrose est né en 1931 à Colchester, au Royaume-Uni. Il a donc 87 ans au moment de la publication du livre.

Penrose est professeur émérite à l'Université d'Oxford. Il a remporté le prix Wolf de physique, la médaille Copley, la médaille Eddington, la médaille Einstein et de nombreux autres grands honneurs. De plus, Penrose était un théoricien des trous noirs avec des études menées avec Stephen Hawking. Pour ses études, Penrose a été nominé pour le prix Nobel en 2008. Il a passé une grande partie de sa vie à développer des formules mathématiques capables de révéler les mystères de l'univers, y compris la conscience humaine. Il n'est pas inutile de noter que Penrose est un athée convaincu.

En 1989, Penrose publia le livre à succès "Le nouvel esprit de l'empereur". Dans ce livre, il déclare que l'intelligence artificielle promet de doter l'humanité d'un "nouvel esprit", qui sera profondément différent de l'esprit de l'homme biologique. Dans le même livre, il soutient que la conscience peut provenir de phénomènes quantiques particuliers se produisant dans les neurones du cerveau.

Roger Penrose et Stuart Hameroff ont récemment publié un article dans "Physics of Life Reviews". Dans l'article, les auteurs exposent de nouvelles preuves à l'appui de la théorie quantique de la conscience humaine.

Stuart Hameroff (figure 19) est un anesthésiste américain né à Buffalo en 1947. Il est actuellement professeur à l'Université de l'Arizona. Hameroff a développé de nouvelles théories sur les mécanismes qui régissent le fonctionnement de la conscience humaine.

Au début de sa carrière professionnelle, Hameroff a consacré ses études aux néoplasmes et aux mécanismes liés au fonctionnement des gaz anesthésiques. Il a ensuite étudié le rôle joué dans la division cellulaire par des structures protéiques appelées "microtubules".

Au cours de ces études, Hameroff a émis l'hypothèse que les microtubules sont capables d'effectuer des opérations similaires aux calculs mathématiques. Par conséquent, selon ce scientifique, les microtubules ont une forme de "conscience" capable de guider et d'inspirer leur activité.

Après cette découverte, il était facile d'établir un lien entre la compréhension du phénomène de la conscience et la compréhension du comportement des microtubules dans les cellules cérébrales. Établir une connexion scientifique signifie commencer une étude.

En fait, les microtubules remplissent des fonctions d'une complexité considérable aux niveaux moléculaire et supramoléculaire. Hameroff conclut que, dans les opérations cellulaires, des calculs suffisants peuvent être faits pour parler de "conscience". En fait, l'exécution d'un calcul implique l'obtention d'un résultat, ce qui équivaut à un choix.

Hameroff a présenté ces théories dans son livre de 1987 "Ultimate Computing". Le texte du livre peut être téléchargé (en anglais) sur le site Web de l'auteur à l'adresse:

www.quantumconsciousness.org/ultimatecomputing.html

Penrose et Hameroff, combinant leurs compétences respectives, ont poursuivi ensemble l'étude du phénomène de la conscience du point de vue de la microbiologie et de la physique quantique.

L'article de Penrose et Hameroff publié dans "Physics of Life Reviews" soutient l'hypothèse selon laquelle la conscience est basée sur les fluctuations quantiques se produisant dans les microtubules des neurones du cerveau.

De plus, ces fluctuations ont effectivement été observées et peuvent être liées à certains rythmes électroencéphalographiques qui n'avaient pas été expliqués jusqu'à présent.

Dans l'article, Penrose conteste la critique de son travail, puisque toutes les prédictions faites sur la base de sa théorie ont été confirmées par des observations. En outre, Penrose souligne que sa théorie peut être considérée comme compatible avec les deux grandes thèses présentes dans le débat sur la conscience.

La théorie de Penrose et Hameroff est compatible avec les affirmations de ceux qui croient que la conscience n'est qu'un produit de l'évolution. En même temps, la théorie est compatible avec la thèse de ceux qui disent que la conscience est une propriété de l'univers distinct et préexistant de l'homme.

Les deux chercheurs ont élaboré la "théorie quantique de l'esprit", également appelée "Orch-OR". Selon cette théorie, la conscience est une onde qui vibre dans le vaste univers subatomique.

Les microtubules du cerveau agissent comme des ordi-nateurs quantiques, reçoivent des vibrations et les rendent utilisables. En pratique, les microtubules produisent l'effondrement du contenu probabiliste de la vague de conscience. Les microtubules jouent le rôle d '"observateurs" et transforment les probabilités contenues dans les vibrations en "options" ou "choix" bien définis.

Penrose écrit comme ceci:

> "... c'est l'effondrement quantique qui provoque la prise de conscience. Peut-être que le même effondrement est la conscience ».

Pour donner un exemple. Imaginez devoir décider si nous devons nous déplacer à droite ou à gauche. Selon certains physiciens théoriciens, lorsque nous passons à droite, la réalité alternative du décalage à gauche s'effondre sous l'hypothèse d'un décalage à droite.

Dans le cas en question, la conscience est un registre quantique dans lequel tous les effondrements, c'est-à-dire tous les choix, sont notés. Ce registre n'est jamais supprimé. La somme des choix contenus dans le registre est la conscience.

Les deux scientifiques définissent la "conscience" comme le résultat de processus quantiques qui survivent au corps à la mort. Cette définition correspond parfaitement au concept d '"âme".

La conscience a un contenu psychique et absolument non matériel. Bien qu'elle soit générée dans le contexte physique des microtubules, la conscience est la condensation psychique des fluctuations et des effondrements quantiques.

Puisque les effondrements quantiques sont des choix, la conscience ou l'âme serait l'enregistrement et la somme des choix faits dans la vie. La conscience est destinée à survivre dans le corps pour l'éternité.

Il y a une conséquence non secondaire de cette théorie. Toute créature biologique avec un cerveau ou un système nerveux contenant des microtubules aurait une âme capable de survivre pour toujours. L'âme ne serait plus exclusive à l'homme. Cependant, si les choix humains peuvent être liés au libre arbitre, les choix des animaux pourraient être liés uniquement à l'instinct.

Effondrement des ondes quantiques

Nous parlons de plus en plus des ordinateurs quantiques. Cela peut être l'occasion d'expliquer une application pratique de l'effondrement de la fonction d'onde.

Un ordinateur ordinaire, comme celui que j'utilise pour écrire ce texte ou celui que chacun de vous utilise sûrement plus ou moins souvent, a une mémoire qui se mesure maintenant en milliards de bits.

Un gigabit, une mesure ordinaire de la mémoire, correspond à 8 589 934 592 bits. Les progrès ont été énormes en quelques décennies. Si quelqu'un, comme moi, utilisait l'un des tout premiers ordinateurs portables, le ZX80, construit en 1980 par Sinclair Research par Clive Sinclair et basé sur le microprocesseur NEC µPD780C-1 cadencé à 3,25 MHz, se souviendra très bien que sa mémoire était de 800 bits, soit 30 ou 40 millions de fois moins puissante qu'une tablette actuelle. Néanmoins, avec le ZX80, vous pouvez faire de grandes choses.

A partir de ce moment, le principe de fonctionnement de la mémoire est resté le même: les données sont stockées sous forme de bits, à savoir zéro ou un. Chaque mémoire d'ordinateur n'est qu'un énorme dépôt de ces deux chiffres, 0 et 1.

Dans un ordinateur quantique, par contre, la mémoire ne contient pas de bits mais de qubits. La différence est significative. Dans les ordinateurs traditionnels, un bit ne peut être que 0 ou seulement 1. Par contre, dans un ordinateur quantique, un qubit peut être 0 et 1 en même temps. L'information existe "dans des états qui se chevauchent", c'est-à-dire qu'elle fonctionne comme une onde de probabilité. Les qubits restent "indécis" dans le double état 0 et 1. Lorsqu'ils sont observés, ils s'effondrent et prennent définitivement l'une des deux valeurs possibles.

En d'autres termes, l'ordinateur quantique est capable de traiter simultanément de nombreuses solutions à un problème unique, plutôt que de répéter le calcul plusieurs fois à la recherche d'une meilleure solution. Deux qubits peuvent avoir 4 états en même temps, 4 qubits ont 16 états, 16 qubits ont 256 états et ainsi de suite.

A cette époque, les "états" disponibles dans le même temps sont encore peu nombreux, mais la recherche est lancée vers la conception d'ordinateurs basés sur des milliers de qubits. Cet objectif rendrait incalculable le nombre d'opérations effectuées par un ordinateur.

En mars 2018, "Google Quantum AI Lab" a présenté le nouveau processeur Bristlecone de 72 qbits.

Neurones de type Qubit

Cette diversité de fonctionnement, entre ordinateur traditionnel et ordinateur quantique, peut être retracée jusqu'au cerveau. Il est communément admis que le cerveau fonctionne au moyen d'interactions entre neurones, comme s'il s'agissait d'un ordinateur traditionnel. Chaque neurone peut correspondre à un ou zéro. Hameroff écrit comme ceci:

"La plupart des gens savent qu'ils possèdent cent milliards de neurones. Par conséquent, ils pensent que les relations sont suffisantes pour permettre l'existence de la conscience.

Ces personnes considèrent le neurone comme un commutateur qui s'éteint ou s'active, de sorte qu'il peut être à l'état Zéro ou Un. C'est une insulte au neurone lui-même. Il suffit de penser qu'une seule cellule comme la paramécie nage, trouve de la nourriture, a la capacité d'apprendre, trouve un partenaire. Si une simple paramécie peut être si intelligente, est-il possible qu'un neurone soit aussi stupide? Est-ce juste une question d'être allumé ou éteint? Je pense que ces personnes ne considèrent pas ce qui se passe dans le neurone. "

Les recherches de Hameroff sont axées sur les microtubules, des organismes absolument complexes logés dans des neurones. Grâce à cet emplacement, les microtubules répondent instantanément à ce qui se passe dans l'esprit en construisant et en décomposant en permanence des structures complexes.

Par exemple, des microtubules supervisent la réorganisation et le tri de l'ADN lors de la division cellulaire. C'est l'un des processus les plus complexes de la nature. Considérez le fait que toute erreur peut causer des malformations.

Toutes ces considérations ont amené Hameroff à émettre l'hypothèse que la conscience pouvait être placée directement dans les microtubules.

Hameroff définit les microtubules comme suit:

> "Les microtubules sont un pont entre l'esprit et le corps. Elles transmettent l'effondrement des ondes de l'échelle microscopique au corps humain par des effets quantiques, c'est-à-dire par l'ensemble des phénomènes qui ne se produisent qu'à une échelle subatomique ".

Bien que Penrose manque d'orientations religieuses, il suppose avec Hameroff que la conscience quantique de tout être vivant est indépendante du corps lui-même et peut survivre à la mort physique de l'individu.

On peut dire, citant la poète italienne Silvana Stremiz:

> "Il existe un lieu" sacré "appelé âme, où tout ce qui compte est gravé de manière indélébile. Les mots, les gestes et les pensées sont photographiés pour l'éternité ".

Après la mort, la conscience quantique peut jouir d'une existence infinie, car l'information quantique obéit à la loi de la conservation de l'énergie et ne peut donc pas être détruite.

Penrose et Hameroff, avec la "théorie de la conscience quantique", tentent d'expliquer les expériences aux frontières de la mort, la prétendue NDE (Near Death Experience).

Les deux scientifiques ont surveillé des personnes proches de la mort. Les observations ont montré que les microtubules dans le cerveau de personnes proches de la mort témoignaient de la perte d'une "substance". Cette substance ne se dégrade pas mais se disperse à l'extérieur du corps. En effet, en cas de "réveil", la substance retourne à l'intérieur des microtubules.

Anges, démons et âmes des morts

À la fin de ce chapitre, nous pouvons faire quelques considérations métaphysiques.

Actuellement, la situation est la suivante. Bien que l'âme soit liée à un corps et provienne du corps lui-même, en réalité, elle n'est pas de nature physique et n'a peut-être même pas une nature psychique, mais une nature quantique.

Si ces études finissaient par confirmer l'existence d'une conscience ou d'une âme survivant du corps, nous pourrions nous interroger sur la nature de cette âme.

L'âme serait le résultat de tous les processus décisionnels quantiques, c'est-à-dire de toutes les réactions infinies d'effondrement quantique générées par les choix faits par l'individu au cours de son existence. L'âme serait en réalité le résultat de toutes les actions effectuées dans la vie. Toutes les actions de l'individu seraient cataloguées et enregistrées dans une nébuleuse constituée de fluctuations quantiques.

La question qui se pose est la suivante: combien de ces "nébuleuses quantiques" vivent autour de nous? La réponse est simple: un nombre incalculable.

Cette simple affirmation montre à quel point le mystère des âmes est profond et insondable.

Est-il possible que ces mêmes nébuleuses forment la plus grande nébuleuse que Jung a appelée l'inconscient collectif? En fait, c'est ce que Jung a spéculé. Selon la théorie jungienne, l'inconscient collectif contient l'expérience de toute l'humanité précédemment vécue.

Cette observation rend le concept d'inconscient collectif qui pourrait paraître uniforme, gris et anonyme plus familier. L'inconscient collectif revêt une précieuse apparence, c'est-à-dire le souvenir des personnes connues. Non seulement les personnes qui vivaient il y a dix mille ans, mais aussi les personnes les plus proches de nous, celles que nous avons connues dans notre vie.

Pour conclure, nous ne pouvons que formuler des hypothèses.

Peut-être même que des anges et des démons pourraient sortir du coin des mythes pour devenir de véritables existences. Les anges et les démons sont peut-être des condensations quantiques voulues par l'Esprit universel sans qu'il soit nécessaire de traverser un corps.

Et enfin, une hypothèse plutôt inquiétante. Si réellement les âmes des morts sont l'agrégation de toutes les fluctuations quantiques de leur vie, elles sont alors des "informations". Peut-être, dans un avenir dont nous ne savons pas à quel point il sera proche ou éloigné, la technologie pourrait-elle développer des outils pour intercepter et décoder ces informations?

Autrement dit, ne sera-t-il pas possible de communiquer avec les âmes des morts? Ne sera-t-il pas possible de dialoguer avec leur conscience, même si celle-ci était dispersée dans le niveau non local d'un cosmos actuellement insondable?

Si cela se produisait, il serait possible de découvrir de nombreuses vérités que nous avions déjà abandonnées. Nous découvririons les vrais noms de nombreux meurtriers, les cachettes de nombreux trésors, les raisons derrière tant d'actions incompréhensibles. Nous découvririons l'extrême repentance des héros et l'extrême lâcheté des braves.

Nous pouvions parler aux personnes qui nous étaient les plus chères, leur dire les mots que nous n'avions jamais pu dire de notre vie.

Il y a un problème énorme. Cette technologie, si elle pouvait jamais être réalisée, serait-elle moralement durable? Ne serait-il pas juste de laisser ces âmes reposer en paix dans leur éternité? Je crois qu'il y aura toujours des lois de l'univers, voulues par le Grand Esprit, qui empêcheront que cela se produise. Mais bien sûr, personne ne peut établir ce qu'est le Bien ou le Mal en dehors des limites étroites de son expérience. Peut-être que les concepts de bien et de mal se conjuguent différemment ou cessent d'exister dans l'immense Esprit du cosmos.

A la question de savoir si nous pouvons jamais voir, rencontrer et connaître toutes les âmes des morts, nous pouvons répondre avec les paroles de Bouddha:

"Si les âmes de tous les êtres vivants du cosmos étaient réunies, Dieu y figurerait!"

Découvrir le mystère de l'âme signifie pénétrer le mystère de Dieu.

Inconscient collectif et archétypes

Toutes les études, théories et confirmations scientifiques que nous venons de citer suggèrent qu'il doit y avoir un esprit de l'univers, ou peut-être un esprit cosmique, qui supervise et guide de nombreux univers.

Pouvons-nous participer à cette intelligence? Et comment pouvons-nous y participer?

J'ai parlé plus tôt des agrégations intelligentes de la matière. Maintenant, nous devons nous demander si des agrégations psychiques sont possibles.

La réponse la plus crédible nous a probablement déjà été donnée au siècle dernier, avec les théories de l'inconscient collectif et de la synchronicité élaborées par Carl Jung.

La synchronicité est un phénomène répandu auquel nous pouvons tous assister. La synchronicité est un lien mystérieux qui unit deux ou plusieurs faits, qui seraient normalement dépourvus de tout lien.

Cela signifie qu'il manque le "caractère aléatoire" entre les liens pris en compte. Par conséquent, le phénomène ne peut être scientifiquement défini.

La science actuelle est basée sur le principe de cause à effet: tout ce qui arrive se produit parce qu'un autre fait l'a provoqué. En d'autres termes, un agrégat de matière (pierre, arbre, personne) peut être le protagoniste d'une action qui génère par la suite une autre action, etc. C'est un cycle né de la collaboration entre la matière et le temps.

La synchronicité n'a pas besoin de matière ni de temps. Dans une synchronicité, les choses se passent sans aucune connexion logique. Deux faits absolument déconnectés deviennent synchrones lorsque le protagoniste leur donne un sens. Les faits ne sont liés par aucune cause, mais pour le protagoniste, il existe un lien très évident. Les faits sont liés, mais seulement dans la psyché du protagoniste

Dans ses études, Jung considère les faits qui dépassent les limites des statistiques comme des faits synchroniques, c'est-à-dire des faits qui se produisent en quantités plus importantes que ce à quoi on pourrait s'attendre s'il s'agissait de simples "cas".

Mais où sont nées les synchronicités? Comment est-il possible que nous voyions une personne oubliée dans un rêve et que le lendemain nous la rencontrions dans la rue?

Jung a théorisé l'existence d'un inconscient collectif, c'est un «espace» universel et commun auquel nous sommes tous connectés.

Chaque fois qu'un besoin, un doute, un moment de souffrance particulier dans nos vies abaisse notre niveau de garde psychologique, nous nous ouvrons à toutes les sources d'aide possibles. C'est le moment où l'inconscient collectif peut intervenir.

Il s'ensuit que les phénomènes de synchronicité ne se produisent pas toujours. Généralement, ces phénomènes se produisent lorsque nous en avons besoin.

Mais il y a aussi un lien plus haut: les "messages" proviennent de l'inconscient collectif pour guider toute l'humanité vers des niveaux de connaissance plus élevés. Selon Jung, l'inconscient collectif contient l'expérience de toute l'humanité vécue avant nous.

Nous n'exprimons pas de concepts religieux. Même la physique quantique actuelle, confrontée au comportement des particules élémentaires, reconnaît l'existence d'un "guide" de l'univers.

Il existe un espace psychique, appelé "non-localité", dans lequel les choses ne se passent pas à cause d'un jeu de cause à effet.

Au niveau subatomique, certains comportements semblent impossibles car ils vont au-delà du conditionnement de la physique classique.

Les étranges coïncidences

Les coïncidences étranges sont des expériences si communes que personne ne doute de leur existence. Carl Gustav Jung en parle avec un exemple:

> «Je me rends compte que mon ticket de tram porte le même numéro que le ticket pour le théâtre acheté un peu plus tôt. Le même soir, je reçois un appel téléphonique dans lequel quelqu'un mentionne le même numéro. Il me semble qu'une relation informelle est très improbable ".

Il y a aussi des coïncidences moins frappantes qui, toutefois, nous surprennent car nous les considérons presque impossibles à relier.

Des exemples infinis peuvent être cités. Nous voyons "mentalement" un ami dans le besoin, puis nous vérifions que quelque chose de désagréable a vraiment impliqué cette personne.

Nous évitons de faire un choix en raison d'un sentiment désagréable, puis nous découvrons que cela nous a évité un gros problème. Nous rêvons d'un ami que nous n'avions pas vu depuis des années, car il habite dans une autre ville et le lendemain, nous le rencontrons dans la rue.

La science officielle ne croit pas aux coïncidences, car elle croit que ce sont des événements qui se sont produits par hasard. En fait, la science actuelle, basée sur le matérialisme, pense que quoi qu'il se produise, il est toujours lié concrètement à autre chose. Aucun lien psychique mystérieux ne peut exister entre les faits qui nous concernent.

Prenons un exemple trivial. Une personne se déplace du point A vers le point B situé au coin de la rue. Après quelques pas (c'est-à-dire un peu de temps), cette personne tourne le coin et ce n'est qu'ainsi qu'elle peut voir le contenu du point B.

Il est impossible de savoir d'abord ce que l'on trouve au point B.Pour le savoir, nous avons besoin d'un corps capable de voir. Le corps doit bouger et il faut du temps pour le laisser bouger. Ce n'est qu'alors que la personne saura ce qui est au point B.

Selon la science, il n'est pas possible à l'esprit de tourner le coin et d'informer la personne de ce qui est au point B.

Les coïncidences peuvent être générées par la prescience, les rêves, les prémonitions, la télépathie ou autre. Dans tous les cas, ils font également intervenir l'esprit ou la psyché.

L'univers n'est pas constitué uniquement de matière, mais de matière et de psyché qui, ensemble, façonnent notre réalité. Si cela est vrai, de nombreux phénomènes, qui seraient inexplicables avec les paramètres du matérialisme, deviennent très explicables.

Aujourd'hui, la science se trouve mal à l'aise face aux nouveautés de la physique quantique. Cette physique échappe aux contraintes de temps et d'espace typiques de la science matérialiste. Des expériences bien établies montrent comment des particules très éloignées dans l'espace interagissent simultanément. Bien qu'elles soient séparées par d'immenses distances, ces particules se comportent comme si elles ne faisaient qu'un seul.

Puisque ces particules ne sont reliées par aucune connexion physique, le lien qui les unit ne peut venir que de la psyché universelle.

Seul un lien psychique, qui ne connaît ni l'espace ni le temps, peut les maintenir ensemble et peut garantir que chaque particule est informée de ce qu'il advient de l'autre. C'est le phénomène appelé "enchevêtrement".(entanglement).

La synchronicité et l'enchevêtrement sont à la base d'une nouvelle science qui unifie la matière et le psychisme. Cette nouvelle science accompagnera l'humanité dans un grand bond en avant vers des niveaux de connaissance supérieurs.

La synchronicité est un phénomène qui génère des événements extraordinaires dans notre existence. À d'autres moments, plus souvent, la synchronicité consiste en une succession de faits sans liens entre eux, qui acquièrent un sens précis dans notre perception.

Une synchronicité se produit chaque fois qu'un ensemble de "signaux" nous conduit à un résultat afin que nous puissions dire "je l'ai ressenti, je m'y attendais". C'est comme si quelque chose ou quelqu'un voulait nous avertir et nous donner des conseils sur le comportement.

Si cela se produit sans la connaissance nécessaire pour traiter la conclusion déjà en nous, alors c'est une vraie synchronicité.

Exemple: vous devez partir en voyage mais soudainement, pour un étrange sentiment de gêne, vous décidez de ne plus partir. Plus tard, vous apprenez que le véhicule (train, avion ou autre) a subi un grave accident faisant de nombreuses victimes.

Évidemment, la connaissance préventive de la catastrophe n'a pas pu être élaborée dans notre cerveau. Selon la science actuelle, nous ne pouvons prédire l'avenir.

Jung suggère que toute la connaissance de l'univers est contenue dans l'inconscient collectif. Nous tous, en plus de puiser dans notre conscience individuelle qui contient des informations très limitées, nous pouvons également puiser dans un inconscient collectif qui contient toutes les connaissances acquises à partir de l'expérience de l'homme à partir d'Adam.

Cette connaissance pratiquement infinie est présente dans l'inconscient collectif sous la forme d'archétypes. Les archétypes sont des "principes de connaissance". Ils peuvent se manifester psychiquement dans notre conscience par des moyens tels que les rêves, les prémonitions, les sensations. Nous identifions les archétypes au déchiffrement de faits significatifs qui se produisent dans nos vies quotidiennes.

Ces faits significatifs sont les coïncidences qui, individuellement, pourraient être considérées comme appartenant au hasard. Cependant, dans l'ensemble, ces faits sont confirmés entre eux jusqu'à ce qu'ils convergent vers une prophétie.

On peut se demander pourquoi les synchronicités ne se produisent plus fréquemment.

Jung a approfondi cette question. Il établit une relation entre l'apparition de synchronicités et notre consentement à ce qu'elles se produisent.

Selon Jung, notre conscience individuelle gère un niveau de vigilance qui empêche le dialogue avec la conscience collective. L'inconscient collectif peut verser ses aretetypes dans notre conscience individuelle, seulement s'il abaisse son niveau de vigilance. En d'autres termes, le dialogue entre notre conscience et l'inconscient collectif ne se produit que dans des conditions particulières. Normalement, nous avons des défenses instinctives qui rejettent ce dialogue. Dans son essai "Synchronicity: An Acausal Connecting Principle", Jung écrit:

"Chaque état émotionnel provoque un changement de conscience. Pierre Janet a défini ces modifications comme "abaissement du niveau mental". Cela signifie qu'un certain rétrécissement de la conscience se produit et en même temps un renforcement de l'inconscient ... En conséquence, la conscience tombe sous l'influence d'impulsions et contenu instinctif et inconscient ".

La conscience abaisse naturellement ses niveaux de défense à l'occasion de traumatismes psychologiques ou d'événements émotionnels complexes, tels qu'un changement soudain de notre niveau de vie, un amour, une trahison, la perte d'une personne chère.

Parfois, le phénomène synchronistique précède ces événements, confirmant que le temps n'est que notre perception et qu'au niveau de l'inconscient, il n'ya ni avant ni après.

La psychologie orientale enseigne abaisser les niveaux de défense de la conscience. Cette condition peut être atteinte par des exercices. Le contact avec la dimension mystérieuse de l'univers, le "Tao", se fait en s'aliénant.

Commentant le "Chuang-tzu", Hans Kung écrit:

"Le texte parle de" s'asseoir et d'oublier "et du" jeûne du cœur ". Cela ne signifie rien que vider les sens et l'esprit. Le texte dit:

- Laissez vos oreilles et vos yeux entrer en communication avec votre âme. Ensuite, les dieux et les esprits viendront également vous rendre visite -".

Dans la conception occidentale, le Tao peut être considéré comme analogue à l'Esprit de la Bible. L'Esprit Biblique imprègne toute la création. De l'Esprit descendent toutes les illuminations qui guident l'homme et le rendent capable d'être le "prophète de sa vie". Dans le livre de Joël, Dieu dit:

"... Après cela, je répandrai mon Esprit sur chaque homme.

Vos enfants et vos filles deviendront des prophètes.

Vos aînés auront des rêves, vos jeunes auront des visions.

En ces jours, je répandrai aussi mon esprit sur les esclaves et les servantes "*(Joël 2: 28-29)*

Accepter le défi

La physique quantique bouleverse la pensée scientifique. Au fur et à mesure de l'approfondissement de leurs études, de nombreux physiciens sont convaincus de la nécessité d'intégrer, dans le processus de compréhension de l'univers, une force que nous pouvons définir comme psychique.

Sans l'apport de cette "force psychique", le comportement des particules élémentaires n'est plus compréhensible. J'ai mentionné beaucoup de ces scientifiques dans les pages précédentes.

Beaucoup d'entre eux témoignent activement de cette conviction. Certains publient des livres, d'autres envoient des articles à des magazines scientifiques qualifiés. D'autres ne rendent pas leurs pensées publiques, mais s'engagent dans des chemins de conscience spirituelle.

Des dizaines de physiciens ont abordé une philosophie orientale, notamment le bouddhisme ou l'hindouisme.

Le choix des orientalistes est principalement motivé par un besoin de liberté intellectuelle. Beaucoup refusent d'adhérer aux formes religieuses occidentales, parce qu'ils les considèrent trop imprégnées de dogmes et de préceptes. Cette circonstance contraste avec l'indépendance de la pensée, qui constitue la plus grande richesse pour un scientifique. Pour beaucoup, l'acceptation non critique, c'est-à-dire la foi, ne peut vaincre la raison.

Il est évident que certains scientifiques arrivent à ce choix en venant de milieux athées. Malheureusement, il existe encore des domaines scientifiques imprégnés de la ferveur anticléricale qui a suivi l'ère des Lumières.

Au lieu de cela, la plupart des gens ordinaires n'utilisent pas la logique kantienne pour gérer leur propre niveau de foi et de spiritualité. Tout au long de l'histoire de l'humanité, le sentiment de l'existence d'une "entité supérieure" a toujours été un patrimoine commun. En fait, il n'ya jamais eu de peuple qui n'ait pas sa propre liste de divinités et ses propres cultes religieux. Les seules exceptions sont certains régimes matérialistes autoritaires, nés au siècle dernier. Heureusement, ils ont duré très peu.

Même dans les sociétés les plus sécularisées, parmi la population ordinaire, cette sensation vague et impalpable que beaucoup appellent "nostalgie de Dieu" continue d'être bien alerte et présente.

Dans une audition de 2012 intitulée "L'homme porte en lui un mystérieux désir de Dieu", le pape François a prononcé ces mots:

"Le désir de Dieu est inscrit dans le cœur de l'homme, car l'homme a été créé par Dieu. Dieu ne cesse d'attirer l'homme vers lui-même. C'est seulement en Dieu que l'homme trouve la vérité et le bonheur qu'il recherche sans cesse.

Cette déclaration peut sembler une provocation dans le contexte de la culture occidentale sécularisée. Beaucoup de contemporains pourraient objecter qu'ils ne ressentent absolument pas le désir de Dieu. Pour de vastes secteurs de la société, Dieu n'est plus "l'attendu", "le désiré". Pour eux, Dieu est une réalité qui laisse indifférent.

De ce point de vue, le mystère reste. L'homme cherche l'absolu avec des pas petits et incertains. Cependant, l'expérience citée par saint Augustin, appelée "cœur agité", est très significative. Cela nous atteste que l'homme est au fond un être religieux ".

Méditation et prière

Ce livre contient de nombreuses incitations pour encourager la recherche de "Dieu", quel que soit son nom et à travers le culte, la religion ou la philosophie souhaitée.

Il existe deux méthodes principales: la méditation et la prière.

La méthode la plus largement utilisée dans la culture orientale est la méditation. La méditation est une pratique visant à obtenir une plus grande maîtrise de l'activité mentale. Ceux qui méditent s'isolent de tous les "bruits de fond" de la vie quotidienne pour trouver la paix intérieure. Le terme méditation désigne la "concentration de l'esprit en un seul point". Cette pratique s'appelle plus précisément "méditation réflexive".

Au lieu de cela, le terme "contemplation" signifie le "reste de l'esprit" dans son état naturel, c'est-à-dire en l'absence totale de pensées. Cette pratique s'appelle plus précisément "méditation réceptive".

En théorie, la méditation est une pratique de réalisation de soi, dépourvue de buts religieux. En fait, il est presque toujours associé à des objectifs spirituels ou philosophiques. La méditation, sous différentes formes, fait partie intégrante de toutes les grandes traditions religieuses.

La première référence écrite à la méditation, dans le domaine religieux, se trouve dans les écritures sacrées hindoues du IXe siècle avant notre ère, les "Upanishads". Ici, la méditation est appelée "dhyāna".

Dans le yoga, la pratique du dhyāna favorise "l'expérience de la vision". Ceux qui ont atteint un niveau supérieur peuvent atteindre "l'illumination", c'est-à-dire la révélation de la "divinité omniprésente".

Dans la pratique du yoga, il n'est pas dit que "l'esprit médite". On dit que l'esprit se trouve dans le dhyāna, c'est-à-dire dans "l'état de méditation".

En Occident, la principale méthode de relation avec Dieu est la prière. La prière peut souvent être une répétition de formules préétablies. Dans d'autres cas, la prière provient librement et spontanément de l'âme.

Dieu (le Saint-Esprit) gouverne l'univers et prédispose tout pour que l'homme puisse vivre. L'action de l'Esprit s'étend aux besoins des individus. C'est un sentiment commun que l'Esprit est proche et présent dans tout le monde. Par conséquent, l'Esprit reçoit sûrement les prières qui lui sont adressées. Cependant, la prière ne doit pas être comprise comme une "demande", mais comme un "dialogue".

L'un des plus beaux choix faits dans le domaine des mouvements charismatiques est de renoncer à la prière classique de sollicitation en faveur de la prière de louange. La personne en prière ne demande rien parce que Dieu connaît ses besoins. Il loue Dieu parce qu'il existe. Il remercie Dieu car il prépare sûrement un destin heureux pour lui.

Dans ce cas, la prière, comme mentionné, est avant tout un dialogue. La reconnaissance et la louange montent, tandis que la sérénité et la consolation descendent vers celui qui prie.

Dans ce dialogue, nous ne devrions pas nous attendre à ce que Dieu parle par une voix qui entre dans l'oreille.

Toutes les religions ont toujours prétendu que la divinité parle à travers des "signes".

Dans une interview, le célèbre chanteur italien Roberto Vecchioni a déclaré:

"Dieu m'envoie des messages de plus en plus forts. Je ne comprends pas certains messages. Mais j'ai la certitude que rien n'est aléatoire et que tout est causé. Le début des choses n'a peut-être pas été un simple "coup". Le fondement de la foi est qu'il existe une raison ".

En effet, quelqu'un nous envoie des "signes divins". Qui que ce soit, il suppose évidemment que nous pouvons les comprendre. Dans les évangiles, nous lisons des phrases comme celles-ci:

"Regardez le figuier et toutes les plantes. Quand les pousses naissent, comprenez par vous-même que l'été est proche "
(Lc 21, 29-31).
"Quand ce sera le soir, tu diras:" Il fait beau, le ciel est rouge. Au matin, vous dites: - Aujourd'hui, ce sera une tempête, car le ciel est rouge sombre. Donc, vous savez comment interpréter l'apparence du ciel. Alors, pourquoi ne sais-tu pas interpréter les signes des temps? "
(Mt 16, 2-3).

Très souvent, les signes nous parviennent du ciel sous forme de synchronicité, comme nous l'avons vu au chapitre précédent.

La synchronicité est un concept laïque qui s'intègre parfaitement dans le contexte religieux des prophéties et des communications célestes.

Les synchronicités sont inattendues et ne doivent pas être comprises comme des réponses à nos prières, si tant est que nous ayons prié.

Au lieu de cela, les synchronicités doivent être comprises comme des messages de "Quelqu'un" qui prend la parole en premier et qui veut nous dire quelque chose d'utile. Les synchronicités sont compréhensibles surtout pour la personne qui les reçoit. En fait, ils sont efficaces dans l'inconscient personnel, c'est-à-dire dans la partie la plus intime de la conscience.

Quiconque s'habitue à reconnaître les synchronicités et à les déchiffrer ouvre un canal de communication privilégié avec l'Esprit du monde.

La plus grande difficulté à déchiffrer les synchronicités est qu'elles exposent sans pitié ce que nous sommes. En réalité, les synchronicités soulignent nos misères et nos faiblesses.

Souvent, nous ne nous reconnaissons pas sur ces photographies impitoyables et nous en concluons que ces messages ne nous concernent pas. Trop souvent, nous nous jugeons mieux que nous.

Il est vrai que l'univers a été créé pour l'homme. Cependant, l'homme doit se tenir avec humilité devant le mystère de sa divinité corrompu par la chair mortelle.

Peut-être que dans cette corruption, il n'y a pas de culpabilité, seulement une nécessité. L'âme a besoin de se justifier en la matière pour exister.

Vous devez humblement subir cette étape.

Dans le Tao, nous pouvons lire cette maxime:

"Le sage ne veut pas prouver sa supériorité."

L'homme qui accepte d'être vêtu d'humilité sera pris par la main et sera accompagné à sa gloire.

Jésus nous le rappelle dans le discours des béatitudes:

"Heureux les humbles, car le Royaume des Cieux leur appartient" *(Mt 5, 3)*

Annexe 1. Hameau

Hamlet (La tragédie d'Hamlet, prince de Danemark), probablement écrite entre 1600 et 1602, est l'une des œuvres dramaturgiques les plus célèbres au monde, traduite dans presque toutes les langues existantes. Le célèbre monologue de Hamlet "être ou ne pas être" est la scène la plus représentative de l'œuvre et constitue certainement le point d'arrivée et un banc d'essai pour les principaux acteurs.

Presque toujours, cette partie de la tragédie est citée, en dehors des scènes, avec Hamlet tenant un crâne. Cependant, c'est une erreur: la scène du crâne se trouve dans la dernière partie du drame (Acte V) et n'a rien à voir avec "Être ou ne pas être", qui se trouve dans la partie centrale (Acte III). .

La tragédie a lieu dans le château d'Elsinore, à Danemark, à l'époque médiévale.

Hamlet est souvent perçu comme un personnage philosophique, avec des tendances que l'on pourrait aujourd'hui attribuer au relativisme, au scepticisme ou même à l'existentialisme.

Par exemple, Hamlet expose une pensée relativiste quand, adressé à Rosencrantz, il déclare: "Il n'y a rien qui soit bon ou mauvais, mais c'est la pensée de l'homme qui rend les choses bonnes ou mauvaises."

L'idée que rien n'est réel si ce n'est l'esprit de l'individu s'appuie sur le sophisme grec. Les sophistes ont fait valoir que, puisque tout ne peut être perçu que par les sens et que tout le monde perçoit les choses différemment, il n'y a pas de vérité absolue: il n'y a que des vérités relatives.

Les personnages

Hamlet: il est le protagoniste de la tragédie et prince de Danemark, fils de la reine Gertrude et de feu King Hamlet. Le roi avait le même nom que son fils.

Claudio: est l'actuel roi du Danemark, l'oncle de Hamlet et son antagoniste; c'est un homme politique ambitieux, animé d'une soif de pouvoir et de pas de scrupules.

Gertrude: Reine du Danemark et mère de Hamlet, maintenant mariée à Claudio.

Polonius: chambellan d'Elsinore, père de Laertes et d'Ophelia.

Ophelia: fille de Polonius, dont Hamlet était amoureux.

Laertes: fils de Polonius et frère d'Ophélie.

Horace: un ami de Hamlet, un étudiant à l'université de Wittenberg.

Fortebraccio: Prince de Norvège, dont le père a été tué par le père de Hamlet. Il veut attaquer le Danemark pour se venger.

Le fantôme du roi: le spectre du père de Hamlet prétend avoir été assassiné par Claudius.

Rosencrantz et Guildenstern: deux courtisans, anciens amis de Hamlet, convoqués par Gertrude et Claudio pour tenter de découvrir la raison du comportement étrange de Hamlet.

Voltimand et Cornélius: ambassadeurs.

Marcello et Bernardo: les deux gardes qui voient en premier le fantôme du souverain.

Reynaldo: le serviteur de Polonio.

L'intrigue de la tragédie

Au 16ème siècle, sur les remparts de la ville d'Elseneur, la capitale du Danemark, Marcello et Bernardo parlent d'un fantôme. Arrive également Orazio, appelé à surveiller cet étrange phénomène.

Le spectre apparaît peu après minuit et Orazio remarque immédiatement la ressemblance du fantôme avec le roi Hamlet, décédé récemment. Le fantôme disparaît. Orazio dit à Marcello que

Fortebraccio est en train de constituer une armée aux frontières de la Norvège. Avec cette armée, il veut regagner des territoires. Ce sont les terres que le père de Fortebraccio a perdues lors d'un duel avec Hamlet.

La scène se passe au conseil royal. Sont présents le roi Claude, la reine Gertrude, Hamlet, Polonius, son fils Laertes, les deux ambassadeurs Cornelius et Voltimando. Le thème de la réunion est la question de Fortebraccio. Les personnes présentes ont décidé d'envoyer les deux ambassadeurs du roi de Norvège pour négocier. Laertes demande au roi Claudius de pouvoir partir pour la France et le roi le lui accorde.

Horace raconte à Hamlet l'apparition d'un fantôme ressemblant à son père. Les deux décident de se rencontrer sur le lieu des apparitions.

Le fantôme apparaît à nouveau et demande à parler avec Hamlet seul. Hamlet se rend compte que c'est l'esprit du père. Quand ils sont seuls, le fantôme révèle à Hamlet que son épouse Gertrude et Claudio le trahissent depuis longtemps.

Un après-midi, alors que le roi dormait dans le jardin, Claudio l'a tué en lui versant un poison mortel à base de henbane dans son oreille. À la fin de l'histoire tragique, le fantôme demande à Hamlet de le venger.

De retour à Horace et Marcello, Hamlet ne révèle pas le contenu de la réunion et leur fait jurer de ne parler à aucune des apparitions.

Après les terribles révélations, Hamlet se ferme de plus en plus, de sorte que Claudius et Gertrude envoient appeler Rosencrantz et Guildenstern, deux amis de Hamlet à l'époque de l'université. Claudio demande aux deux d'enquêter sur la mélancolie du prince.

Les deux parlent longuement avec Hamlet et, au nom d'une ancienne amitié, révèlent la raison de leur venue. Cependant, ils essaient de distraire le prince de sa mélancolie en profitant de l'arrivée d'une troupe de théâtre.

Cette nouveauté galvanise Hamlet, non pas tant pour les loisirs, mais parce que la représentation théâtrale lui offre la possibilité de concrétiser un projet.

Avec son plan, Hamlet veut résoudre le doute qui le hante. Il veut être sûr que le fantôme est son père et que les révélations reçues sont vraies.

Rosencrantz et Guildenstern sont rappelés par le roi pour savoir s'ils ont découvert quoi que ce soit à propos de la crise d'Hamlet. Polonius est également présent à l'interview. Les deux ne peuvent pas expliquer la cause de la tristesse du prince. Polonius avance l'hypothèse que la tristesse de Hamlet provient de la distance d'Ophélie.

Hamlet arrive sur les lieux, alors Claudio et Gertrude licencient Rosencrantz et Guildenstern.

Ensuite, ils se cachent avec Polonio et ne laissent que Hamlet et Ophelia.

Hamlet, cependant, est choqué par les révélations du spectre et traite mal le pauvre Ofelia. La jeune fille lui rappelle les vieilles promesses d'amour, mais Hamlet lui conseille de devenir nonne.

Claudio soupçonne fortement que Hamlet a deviné quelque chose de ses crimes, alors il commence à élaborer un projet pour l'envoyer en Angleterre.

Pendant ce temps, Hamlet convient avec les acteurs de la troupe de théâtre de représenter un drame, "L'assassinat de Gonzago". Cette représentation rappelle les événements relatés par le spectre. Pendant la pièce, Hamlet observera les réactions de Claudio. Si le roi est contrarié, cela signifie que les accusations du fantôme sont bien fondées.

Le plan est réussi. Pendant la scène de l'empoisonnement, le roi abandonne le théâtre en proie à la colère. Gertrude aussi est bouleversée et invite Hamlet dans sa chambre pour lui demander des explications sur les raisons de cette performance.

La reine est d'accord d'avance avec Polonio. Polonius va se cacher dans la chambre de la reine pour rendre compte des paroles de l'interview au roi.

Malheureusement, tout en parlant avec sa mère, Hamlet se rend compte que quelqu'un écoute secrètement. Hamlet se croit Claudio et le tue en criant "une souris, une souris". Puis emportez le corps pour l'enterrer rapidement.

Ofelia apprend la mort de son père Polonius. Cette douleur, ajoutée à la déception amoureuse du refus de Hamlet, la met dans un état de profonde folie.

Hamlet, alors qu'il est sur le point de s'embarquer pour l'Angleterre, rencontre l'armée de Fortebraccio qui envahit le territoire danois.

Les soldats lui disent que le territoire sur lequel ils se dirigent est semi-désertique et inutile d'un point de vue stratégique. Fortebraccio veut conquérir ces territoires uniquement pour des raisons d'honneur.

Laertes, fils de Polonius et frère d'Ophélia, pense que son père a été tué par Claude. Il rassemble une armée et se présente au roi, l'accusant de la mort de son père. Après une longue discussion, Ofelia également présente, le roi parvient à expliquer à Laerte toute la vérité.

Pendant ce temps, Horace reçoit une lettre annonçant le retour imminent de Hamlet.

Ensuite, Claudio propose à Laerte de défier Hamlet en duel. Cependant, il suggère d'installer un piège. L'épée de Hamlet sera émoussée et celle de Laertes sera plongée dans un poison mortel. En outre, une tasse de vin empoisonné est préparée. Laerte accepte.

Ofelia, complètement folle, se suicide en se jetant dans un lac. La scène commence avec deux fossoyeurs creusant la fosse Ophelia.

Hamlet se demande quelle femme noble va être enterrée. Quand il réalise que c'est Ophelia, il ne peut s'empêcher de courir sur son cercueil.

Laerte le remplit d'insultes et le défie dans un duel à mort. Le lendemain, Hamlet est appelé dans la chambre du roi pour le défi.

Le duel commence. La reine demande à prendre un verre mais la coupe de vin empoisonné lui est servie. Pendant ce temps, les duellistes échangent des épées plusieurs fois, de sorte que les deux se blessent avec l'épée empoisonnée.

La tragédie se termine. La première à mourir est la reine Gertrude. Laertes, regrettant d'avoir rejoint le plan ignoble de Claudio, révèle tout à Hamlet et meurt. Hamlet, sous l'emprise de la fureur, frappe Claudio avec l'épée empoisonnée. Finalement, même Hamlet meurt.

Glossaire

alchimie Ancien système philosophique ésotérique exprimé à travers diverses disciplines telles que la chimie, la physique, l'astrologie, la métallurgie et la médecine. La pensée alchimique est considérée par beaucoup comme le précurseur de la chimie moderne.

Âme du monde Aussi connu en latin comme *Anima Mundi,* c'est un terme philosophique utilisé par le platonique pour indiquer la vitalité de la nature dans son intégralité, assimilée à un seul organisme vivant.

atome L'atome est une structure dans laquelle la matière est normalement organisée dans le monde physique. Les atomes sont formés par des constituants subatomiques tels que les protons, les neutrons et les électrons. Plus d'atomes forment des molécules.

Big Bang Modèle cosmologique basé sur l'idée que l'univers a commencé à se développer à une vitesse très élevée dans un temps précisément définissable du passé et que ce processus continue encore.

Bilocation Capacité d'un corps à être simultanément présent dans deux ou plusieurs endroits différents.

Bouddhisme L'une des religions les plus anciennes et les plus répandues dans le monde, est originaire

	des enseignements de l'Inde itinérante ascétique Siddhārtha (VI °, V ° sec. B.C.).
causalité	Principe que rien ne se passe dans le monde sans une cause décisive.
Chamanisme, chaman	Avec le terme shamanisme, il est indiqué, dans l'histoire des religions, dans l'anthropologie culturelle et l'ethnologie, un ensemble de croyances, de pratiques religieuses, de rituels magiques ou de techniques extatiques trouvées dans diverses cultures et traditions.
Coïncidences sensorielles	Terme utilisé par ceux qui ne veulent pas parler de coïncidences significatives ou de synchronicité, selon le concept jungien.
complexe	En psychologie, c'est une définition utilisée pour décrire une série de sentiments avec des incertitudes et des angoisses en ce qui concerne le sujet concerné et non modifiable par le raisonnement.
connaissance	La faculté immédiate d'alerter, de comprendre, d'évaluer les faits qui se produisent dans le domaine de l'expérience individuelle ou d'envisager dans un avenir plus ou moins proche. Dans le langage commun, l'évaluation morale de ses actions.
Déterminisme	Conception philosophique d'une nature nettement mécaniste, selon laquelle chaque phénomène ou événement du présent est nécessairement déterminé par un phénomène ou un événement qui s'est produit dans le passé.
Double fente expérience	Conçu en 1805 par Thomas Young. Représente la clé pour comprendre la mécanique quantique.
Dualisme	Présence de deux principes fondamentaux, en relation réciproque de complémentarité ou d'opposition.
E = MC2	La formule E = MC2 est la théorie de la relativité, sur la transition entre deux systèmes de

	référence en mouvement relatif. Et c'estl'énergie, m la masse d'un corps, c la vitesse de la lumière (300000 km/s).
Effet Casimir	Force d'attraction exercée entre deux corps étendus situés dans le vide en raison de la présence du champ quantique du point zéro. Ce champprovientde l'énergie du vide déterminée par des particules virtuelles qui sont créées continuellement pour l'effet des fluctuations.
Élan vital	Une expression connue principalementdans le domaine de la culture français, habituellement utilisée en parapsicologie et en sciences spirituelles.
Énergie sombre	L'énergie sombre est une forme hypothétique d'énergie non directement détectable diffusée homogénéeusement dans l'espace.
Entanglement	Lien de nature fondamentale existant entre les particules constituant un système quantique. Il est également dit, parfois, la corrélation quantique.
Entéléchie	Terme aristotélicien pour désigner la réalité qui a atteint le plein degré de développement.
entropie	Mesure du désordre présent dans n'importe quel système physique.
EPR, paradoxe ou expérience	Une expérience idéale proposée en 1935 par Einstein, Podolsky et Rosen dans le but de démontrer que la mécanique quantique ne pouvait pas être considérée comme une théorie physique complète et qu'il devait y avoir des variables cachées, inconnues, capables de la compléter.
Es	Selon la théorie psychanalytique de Sigmund Freud, cette instance intrapsychoïque qui «représente la voix de la nature dans l'âmede l'homme». Il contient les poussées pulsionnelles du caractère érotique (Eros), agressives et autodestrictrices.

Espace-temps   En physique pour l'espace-temps, ou chrono-tops, signifie la structure en quatre dimensionsde l'univers. Introduite par la relativité restreinte, elle se compose de quatre dimensions: les trois de l'espace et du temps.

Esse est percipi   Devise inventé par George Berkeley: *être signifie être perçu.*

Extrasensorielle   On l'appelle perception extrasensorielle ou ESP (acronyme de l'expression anglaise Extra-Sensory Perception) toute perception hypothétique qui ne peut être attribuée aux cinq sens.

Fermions   Ainsi appelé en l'honneur de Enrico Fermi. Ce sont les particules qui suivent la statistique de Fermi-Dirac et sont donc équipées d'un spin semi-complet (1/2, 3/2, 5/2...) .

Flèche de temps   Phénomène selon lequel le temps semble circuler toujours dans la même direction, du passé au futur, selon une sorte de sens unique. Il définit la flèche temporelle le phénomène (réel, observable et complexe) tel qu'un système physique évolue d'un état initial S dans le temps T à un état final S2 à la fois T2 et ne reviendra jamais à l'État S.

Fonction Wave   Dans la mécanique quantique, lafonction Wavereprésente l'état d'un système physique. Il s'agit d'une fonction complexe de coordonnées spatiales et temporelles et sa signification est celle d'uneamplitude de probabilité.

Forme d'interférence   En physique, le phénomèned'interférence est un phénomène dû au chevauchement, en un point d'espace, de deux vagues ou plus.

Grande mère (archétype)   Dans chacun d'entre nous-homme ou femme, il ne fait aucune différence-vit l'archétype de la grande mère. Dans la psychologie de Jung la grande mère est l'un des pouvoirs numinose de l'inconscient, un archétype de grande puissance et ambivalente, en même temps destructeur et sauveteur, infirmière et dévorant.

hertz
LeHertz (*symbole Hz*) estl'unité de mesure du système de fréquence international. Il tire son nom du physicien allemand Heinrich Rudolf Hertz qui a apporté des contributions importantes à la science, dans le domaine del'électromagnétisme.

hologramme
Dalle photographique ou film reproduisantl'image tridimensionnelle d'un objet obtenu par la technique del'holographie.

holomovement
Terme inventé par Bohm pour décrire l'univers comme un système dynamique en mouvement continu. Au lieu de cela, le terme hologramme fait généralement référence à uneimage statique.

I (ego)
En psychologie il représente une structure Psychical-organisée et relativement stable, reliée au contact et aux relations avec la réalité, à la fois interne et externe.

idée
Terme utilisé depuis l'aube de la philosophie, indiquant àl'origine uneessence primordiale et substantielle. Aujourd'hui, il a pris sur le langage commun une signification plus restreinte, généralement refermable à une représentation ou à un projet de l'esprit.

Immatérialismo
Terme inventé par le philosophe-théologien irlandais George Berkeley (1685-1753) pour définir sa doctrine niant l'existence de la matière.

inconscient
Toutes les activités mentales qui ne sont pas présentes à la conscience d'un individu.

Inconscient collectif
Concept de psychologie analytique inventé par Carl Gustav Jung. En oppositionà l'inconscient personnel, il est partagé par tous les hommes et dérive de leurs ancêtres communs.

Indéterminisme — Attitude philosophique qui s'oppose au déterminisme.

Inflation cosmique — En cosmologie,l'inflation est une théorie qui suppose quel'univers, peu après le Big Bang, a traversé une phase d'expansion extrêmement rapide.

instinct — Poussée interne, congénitale et immuable, pour agir et se comporter d'une certaine manière. Bien qu'il soitindépendantde l'intelligence, il peut être modifié, ajusté ou réprimé par le même.

Interactions fondamentales — En physique, les interactions ou forces fondamentales sont les forces de la nature qui permettent de décrire des phénomènes physiques. Quatre ont été identifiés: interaction gravitationnelle, interaction électromagnétique, interaction nucléaire faible et interaction nucléaire forte.

Interprétation à de nombreux mondes — Cette théorie exprime le concept que chaque fois que le monde est confronté à un choix au niveau quantique, l'univers est divisé en deux.

La constante de Planck — Constante physique représentant l'action minimale possible. Il détermine quel'énergie physique fondamentale associée et les quantités n'évoluent pas continuellement, mais sont quantifiée.

Le principe de chevauchement des États — Le principe stipule que, tout comme les vagues de la physique classique, deux ou plusieurs États quantiques peuvent être additionnés («chevauchement»), et le résultat sera un autre état quantique valide.

Leniveau subatomique — Niveau dans lequel vous avez des dimensions plus petites quecelles de l'atome, ou qui concerne les parties constitutives del'atome, telles que les électrons, les neutrons, etc.

libido — Littéralement traduisible comme désir ou voluptin. Il identifie un concept pivot de la théorie psychanalytique. Selon Freud, ilindique l'expression dynamique des impulsions sexuelles; selon Jung, cependant, l'énergie vitale et créative del'instinct.

Lien acessuel Lien entre deux événements liés l'un à l'autre, mais pas de manière causale, c'est-à-dire pas de manière à ce que l'un affecte matériellement l'autre

Limite de Chandrasekhar Limite de masse non rotative qui peut s'opposer à l'effondrement gravitationnel, soutenue par la pression de la dégénérescence des électrons.

localité En physique, le principe de la localité stipule que les objets éloignés ne peuventpas avoir une influence instantanée les unssur les autres: un objet est directement influencé par son voisinage immédiat.

Mandala Terme qui, en particulier, a l'intention d'indiquer un objet, aussi sacré, de «forme ronde», ou un«disque», en particulier en se référant au soleil ou à la lune. Dans la tradition religieuse bouddhiste et hindoue, représentation symbolique du cosmos, faite avec des fils tissés sur le cadre ou avec des poudres de différentes couleurs sur le sol, ou peints sur un chiffon, ou fresques sur les murs du temple.

Manichéisme Religion radicalement dualiste: deux principes, la lumière et l'obscurité, indépendants et contrastants affectenttous les aspects del'existence humaine et de la conduite.

Materia Dans la physique classique, avec le terme Materia on indique génériquement tout ce qui a la masse et occupe l'espace; Ou alternativement, la substance dont les objets physiques sont composés, excluant ainsi l'énergie, qui est due à la contribution des champs de force.

Mécanique quantique	Théorie physique décrivant le comportement de la matière, du rayonnement et des interactions réciproques, en particulier en ce qui concerne les phénomènes caractéristiques de l'échelle de la longueur ou de l'énergie atomique et subatomique.
Mentalisme	Conception philosophique qui tend à réduire les données des connaissances à la pure perception de l'esprit, en négligeantles aspects objectifs de l'expérience physique.
métaphysique	Doctrine philosophique qui se présente comme la science de la réalité absolue et qui cherche à donner une explication des premières causes de la réalité, indépendamment de toute donnée del'expérience.
Mind uploading	Rétablissement et transfert du patrimoine mental d'un individu de l'ancien à un nouveau corps.
Monde des idées	L'hyperuranium, ou le monde des idées, est un concept de Platon exprimé en*Phaedrus*.
Monism	Le monisme est une conceptionde l'être qui s'oppose à celle du pluralisme, ou plus souvent à celle du dualisme.
Multiverse	Une dimension parallèle ou un univers parallèle est un univers hypothétique distinct et distinct de notre mais coexistant avec lui; Dans la plupart des cas imaginés, il peut être identifié avec un autre continuum espace-temps. L'ensemble de tous les univers parallèles est appelé Multiverse.
mythe	Récit investi de sacralité par rapport aux origines du monde ou à la manière dont le monde lui-même ou les créatures vivantes ont atteint la forme actuelle.

Mythe de caverne
Le mythe de la grotte de Platon est l'un des mythes ou allégories les plus célèbres du philosophe athénien, racontée audébut du livre Settimo de*la Repubblica.*

mythologie
L'ensemble des élaborations fantastiques ou religieuses d'une certaine tradition culturelle.

Néoplatonisme
Interprétation de la pensée de Platon donnée à l'époque hellénistique. Pour résumer en luimême plusieurs autres éléments de la philosophie grecque, et devenir la principale école philosophique ancienne du troisième siècle.

névrose
Trouble mental de nature essentiellement psychologique, dérivé d'un conflit inconsciententre l'individu et l'environnement.

Nigredo
En alchimie, la phase avec le noir de la grande œuvre, celle de la pourriture et de la décomposition, qui est la première étape dans le chemin de la création de la pierre du philosophe.

Nirvana
Un concept qui indique un état de bonheur, précisément des religions bouddhistes et Jain, plus tard introduit dans l'hindouisme aussibien.

Niveau subatomique, subatomique
Niveau des particules élémentaires, en dessous de la taille de l'atome.

Non-localisation
Le niveau dans lequel les principes physiques de la localité ne sont plus valides.

Notarikon
Méthode hébraïque pour dériver un mot, d'une manière similaire à la création d'un acronyme, en veillant à ce que chacune de ses lettres initialesou finales représente un autremot.

Nuage d'Oort
Le nuage d'Oort est un nuage sphérique de comètes placés à une distance de la terre égale à environ 2400 fois la distance entre le soleil et Pluton.

Numéro de masse
Indique le nombre de nucléons (c.-à-d. les protons et les neutrons) présents dans un atome.

Numineux	Entouré d'un halo de sacré, qui inspire la peur et le respect
objectivité	Représentation idéologique correspondant à la réalité, au monde objectif, et donc ne dépendant pas d'uneactivité de conscience.
Ombre (archétype)	Archétype puissant, récipient de tout ce que nous avons manqué dans le bien et de tout ce que nous avons reçu dans le mal. C'est donc notre ennemi, l'antagoniste, ce qui apparaît dans les contes de fées comme le «méchant» et qui est souvent représenté sous la forme d'un monstre, d'un dragon ou d'un démon.
Onde pilote	Interprétation de la mécanique quantique postée par David Bohm en 1952. Il incorpore l'idée del'onde pilote élaborée par Louis de Broglie en 1927.
Opus alchemicum	Procédure alchimiste pour obtenir la pierre du philosophe, qui s'est produite à travers sept procédures, divisé en quatre opérations: pourriture, calcination, distillation et sublimation, plus trois phases: solution, coagulation et teinture.
Orbitale	FonctionWavedécrivant le comportement d'un électron dans un atome.
Ordre implicite et ordre explicite	Théorisation de David Bohm sur l'existencedans l'univers d'un ordre implicite (ordre impliqué), que nous sommes incapables de percevoir, et un ordre explicite (*expliqué ordre*), qui Nous percevons à la suite del'interprétation que notre cerveau donne aux vagues (*patrons*) d'interférence qui composentl'univers.
Paléolithique	Période caractérisée par la construction etl'utilisation d'outils en pierre avec des rouages de plus en plus raffinés, et qui voit le commencement, dansl'homme, de la pensée métaphysique et du culte des morts.

paranormal   Terme qui s'applique aux phénomènes qui sont contraires aux lois de la physique et des hypothèses scientifiques.

Personne (archétype)   Un des archétypes jungiens qui tire son nom du latin, où il a le sens de «masque de l'acteur» et indique le rôle que le sujet interprète dans le contexte social dans lequel il agit.

photon   Le photon est le même *que le champ électromagnétique,*historiquement aussi appelé lumière.

Physique Quantique   Théorie physique décrivant le comportement de la matière et de la radiation et les interactions réciproques, en particulier en ce qui concerne les phénomènes caractéristiques du niveau subatomique de magnitude.

Physique classique   T Tous les champs et modèles de physique qui ne considèrent pas les phénomènes décrits dans le macrocosme par la relativité générale et dans le microcosme par la mécanique quantique.

Physique newtonienne   *V. la physique classique*

Point Omega   Terme inventé par le scientifique jésuite français Pierre Teilhard de Chardin pour décrire le plus haut niveau de complexité et de conscience à laquelle il sembleque l'univers tend à évoluer.

Potentiel quantique   Paramètre ajouté par David Bohm àl'équation de Schrödinger. Le potentiel quantique transforme la mécanique quantique de la théorie probabiliste en théorie déterministe.

Principe anthropique   Dans la sphère physique et cosmologique, le principe anthropique stipule que les observations scientifiques sont soumises à des contraintes en raison de notre existence en tant qu'observateurs.

Principe de complémentarité Dans la mécanique quantique, il indique que le double aspect (vague et particule) de certaines représentations physiques de phénomènes atomiques et subatomiques ne peut pas être observé en même temps au cours de la même expérience.

Principe de localité La localité définit la zone dans laquelle il y a des manifestations d'énergies et d'événements délimités par les lois de la physique classique; Dans la réalité locale, il y a une causalité ou un déterminisme (chaque événement est déterminé par un événement précédent).

Principe de non-localité Principe de la mécanique quantique selon lequel les particules subatomiques sont capables de communiquer des informations instantanément.

Principe indéterminé d'Heisenberg Il n'est pas possible de mesurer en même temps et avec une extrême précision les propriétés qui définissent l'état d'une particule élémentaire. Si, par exemple, nous pouvions déterminer la position avec une précision absolue, nous aurions une incertitude maximale quant à sa vitesse.

Prix nobel Une récompense de valeur mondiale attribuée annuellement à des personnes qui se sont distinguées dans les différents domaines de la connaissance, «apportant plus d'avantages à l'umanité» pour leurs recherches, découvertes et inventions, pour l'œuvre littéraire, pour l'engagement à la paix mondiale.

Probabilisme Doctrine intermédiaire entre le dogmatisme et le scepticisme, alléguant que la connaissance objectivement sûre de la réalité n'est pas possible.

probabilité Confiance réconfortée par des raisons raisonnables.

Processus d'identification — Concept développé par le psychiatre suisse Carl Gustav Jung dans lesannées 20. Il indique le processus psychique, unique et non répétable, de chaque individu qui se composede l'approchedesoi avec les mêmes.

prototype — Le terme est actuellement utilisé pour indiquer, dans la sphère philosophique, la forme préexistante et primitive d'une pensée (par exemple,l'idée platonique); en psychologie analytique, cependant, il est utilisé par Jung et d'autres auteurs pour indiquer des idées innées et Prédéterminé del'inconscient humain.

psychanalyse — Terme qui dérive de *psycho*, psyché, l'âme, et l' *analyse*: l'analyse de l'esprit. C'est la théorie de l'inconscient del'âme humaine sur laquelle est fondée une discipline, connue sous le nom de psychodynamie, et une pratique psychothérapeutique connexe, qui a prisledépart de l'œuvre de Sigmund Freud, qui Il a inséré dans la rainure des œuvres de Jean-Martin Charcot et Pierre Janet.

psychologie analytique — Méthode d'investigation des profondeurs élaboréespar l'analyste suisse Carl Gustav Jung.

Psychologie de la forme — La psychologie de la Gestalt (de la Gestaltpsychologie allemande, psychologie de la forme ou de la représentation) est un courant psychologique centré sur les thèmes de la perception et de l'expérience.

Quantum — En mécanique quantique, on appelle "quantique" une quantité discrète et indivisible d'une certaine taille. Par extension, le terme est parfois utilisé comme synonyme de "particule".

quark — En physique, les constituants fondamentaux de la matière hadronique, c'est-à-dire de toutes les particules observées qui sont sujettes à des interactions fortes.

Quatrième exclu — Au-delà des trois lois classiques de la physique: le temps, l'espace, la causalité, Jung et Pauli théorisé le «quatrième exclu», c'est-à-dire la synchronicité.

Réalité macro-physique — Celui dans lequel nous vivons, différent de la réalité microscopique par rapport aux dimensions trop petites pour être valorisées par nos sens.

Réduction théosophique — Méthode pour laquelle tous les nombres peuvent être tracés à un seul chiffre de 1 à 9.

Réductionnisme — Le réductionnisme en général maintient que les institutions, les méthodologies ou les concepts d'une science doivent être réduits aux plus faibles dénominateurs communs ou aux entités les plus élémentaires possibles.

réincarnation — La résurrection cyclique qui aboutit à la réalisation de la perfection.

Religions Mystères — Religions Mystères
Les principaux cultes de mystère. Les mystères les plus célèbres du monde grec étaient les mystères d'Éleusine, liés au culte de Déméter et de Perséphone. À côté de ceux-ci sont ceux liés au culte de Dionysos et Orphée dans les mystères orphiques et au culte du dieu phrygien Sabatius. Enfin, les mystères du Cabiri à Samothrace.

République — La République est un travail philosophique sous la forme d'un dialogue qui a eu une influence énorme dans la pensée occidentale, écrit approximativement entre 390 et 360 avant j.-c. par le philosophe grec Platon.

Rescogitans res extensa — Avec res cogitans, nous entendons la réalité psychique à laquelle Descartes attribue les qualités suivantes: extension, liberté et conscience. La res extensa représente plutôt la réalité physique, qui est étendue, limitée et inconsciente.

résurrection

Retour à la vie après la mort,avec uneanalogie à l'éveil après le sommeil. Commune à toutes les religions qui prévoient la reviviscencede l'âme du défunt, c'est le complexe de sa spiritualité.

Roue de la médecine

Dans la culture des Indiens d'Amérique, la roue de la médecine est traditionnellement construite avec des pierres ou des bâtons basés sur les quatre directions sacrées de l'espace.

Rubedo

La dernière phase de la grande œuvre, le "Red One". C'est l'accomplissement final des transmutations chimiques, culminant dans la réalisation de la pierre du philosophe et la conversion des métaux vil en or.

Samsara

Dans les religionsde l'Inde comme lebrahmanisme, le bouddhisme, le jaïnisme etl'hindouisme, il indique la doctrine inhérente au cycle de la vie, de la mort et de la Renaissance.

Saut quantique

Changement instantané d'un système, qui se produit à une très petite échelle et est tenu aléatoirement. Par exemple, un électron qui, étant dans un niveau d'énergie d'un atome, saute instantanément dans un niveau d'énergie différent.

Section dorée

La relation la plus esthétique entre les côtés d'un rectangle qui est indiqué par le numéro 1, 6180339887.

Série Fibonacci

Succession d'entiers positifs dans lesquels chaque nombre commençant par le troisième est la somme des deux précédents, et les deux premiers sont par définition égaux à 1. Il est représenté par les nombres: 1, 1, 2, 3, 5, 8, 13, 21, 34, 55 etc.

Sofisti

Maîtres des vertus contemporaines de Socrate et Platon, qui ont été accusés de donner leurs enseignements

Soi Noyau de la personnalité, indiqué avec le pronom d'une troisième personne singulière pourla distinguer de l'*ego*, c'est-à-dire de son image réfléchie dans laquelle la conscience s'identifie normalement.

Soul et animus Archétypes à haut contenu double. Chaque archétype contient un aspect de la vie et son contraire, suggérant que les deux ont leur propre valeur. L'image del'âme est projetée par les hommes sur les femmes, tandis que chez les femmes est l'archétype correspondant, l'animus, d'être projeté sur les hommes.

spin En mécanique quantique, le spin (littéralement «gyrus tourbillonnant»en anglais) est une magnitude, ou un nombre quantique, associé aux particules qu'il contribue à définir l'état quantique. Le spin est une forme de Momentum angulaire.

subjectivité Vision personnelle des valeurs, d'un jugement, d'une critique.

Super Ego Selon Freud, indique l'un des trois cas qui, avec l'id et le moi, constituent le modèle structurel de l'appareil psychique. Cela provient de l'internalisation des codes de conduite, des interdictions, des injonctions, des systèmes de valorisation (bon / mauvais; bon / mauvais, bon / mauvais; gradué / déplaisant) que l'enfant met en œuvre dans le cadre de la relation avec le couple de parents.

supernova Une supernova est uneexplosion stellaire. Les supernovae sont très brillants et provoquent des émissions de rayonnement qui peuvent dépasser celles d'une galaxie entière.

symbole Le symbole est un élément de communication, exprimant le contenu de la signification idéale dont il devient le signataire. Normalement, le

	symbole est quelque chose qui est à la place de quelque chose d'autre.
Synchronicité	Concept théorisé par le psychanalyste Carl Gustav Jung en 1950, défini comme "Un principe de connexions acausales". Il s'agit d'un lien entre deux événements liés, mais pas de manière causale, c'est-à-dire pas de manière à ce que l'un puisse influencer matériellement l'autre.
Synchronicité culturelle	Un événement qui touche des civilisations entières et des millions de personnes.
Tableau périodique des éléments	Un schéma par lequel les éléments chimiques sont triés sur la base de leur nombre atomique Z et le nombre d'électrons présents dans les orbitales atomiques.
Taille parallèle	Une dimension parallèle ou un univers parallèle est un univers distinct hypothétique et distinct du nôtre, mais coexistant avec celui-ci.
Taoïsme	Un ensemble de doctrines philosophiques et mystiques formulées par les penseurs chinois dans l'ESA. IV ° et III ° c.-b.
Temura	Méthode utilisée par les Kabalistes pour ranger les mots et les phrases de la Bible hébraïque pour dériver le substrat ésotérique et la signification spirituelle.
Tetraktys	Le nombre de Tetraktys ou quaternaires représentait pour le Pythagore la succession arithmétique des quatre premiers nombres naturels, ou plus précisément des entiers positifs.
théologie	Etude de la nature,de l'essence, des attributs et des manifestations de Dieu.
Théorie de la relativité	La théorie de la relativité formulée par Albert Einstein, d'abord dans sa version étroite et ensuite dans celle générale, a profondément altéré la théorie de la relativité galiléenne et a changé notre concept de temps et d'espace.

	Cependant surprenant, les prédictions d'Einstein ont obtenu de nombreuses confirmations.
Théorie des cordes	Théorie, toujours en développement, qui tente de concilier la mécanique quantique avec la relativité générale et qui, espérons-le, peut constituer une théorie tout à fait.
Théorie M (Mère)	Théorie, encore incomplète, qui tente de combiner mathématiquement les cinq théories de *supercordes* et la *supergravité à 11 dimensions*, y compris les quatre *interactions fondamentales*, pour représenter un *Théorie* possible au total.
Théorie quantique	*V. mécanique quantique.*
transcendant	Non attribuable aux déterminations de l'expérience, car elle subsiste indépendamment de la réalité dont elle est aussi l'hypothèse.
Transhumanisme	Mouvement culturel qui préconise l'utilisation de la science et de la technologie pour augmenter les capacités physiques et mentales de l'homme.
Un guide pour le perplexed	Testament spirituel de l'économiste et philosophe allemand E. F. Schumacher (1911-1977), père putatif du «mouvement de décroissance».
Univers Bubble	*Voir Multiverse*
Univers parallèles	Une dimension parallèle ou un univers parallèle est un univers hypothétique distinct et distinct de notre mais coexistant avec lui; Dans la plupart des cas imaginés, il peut être identifié avec un autre continuum espace-temps. L'ensemble de tous les univers parallèles est appelé Multiverse.
Upanishad	En sanskrit, "doctrines arcaniques, secret". Dénomination d'une série de textes philosophiques-religieux de l'Inde, appartenant à la dernière phase de la période védique.

Vieux sage (ar-chétype)   Incarnation du principe spirituel. Habituellement, l'individu rencontre un tel archétype dans des situations critiques de sa propre vie quand il doit prendre des décisions difficiles.

Vitalism   Un courant de pensée que les idées de Platon doivent être étendues à toute la nature, et devenir une partie constitutive de chaque organisme unique et de tout ce qui existe.

Wormhole   Raccourci entre deux points de l'univers.

Bibliography

Amir Dan Aczel, Entanglement. The greatest mystery of physics.

Barbour Julian, End of the time.

Barrow John David, From zero to infinity. The great story of Nothing.

Barrow John David, The numbers of the universe,

Barrow John David, Why is the world a mathematician?

Barrow John David, look Frank The anthropic principle.

Beitman Bernard, Messages from coincidences.

Cambray Joseph, Synchronicity. Nature and Psyche In a connected universe.

Cantalupi Tiziano, Santarcangelo Donato, Psychism and reality. .

Capra Fritjof, The Tao of physics.

John Cederquist, Coincidences They don't exist.

Cesati Cassin Marco, We're not here by chance.. The power of coincidences.

Subrahmanyan Chandrasekhar, Truth and Beauty. The reasons for aesthetics in science.

Chinnici Giorgio, Case Guard. The secret mechanisms of the quantum world

Chopra Deepak, Coincidences

Ford Kenneth, The world of Quanta. Quantum physics For everyone.

Gamow George, The Adventures of Mr. Tompkins.

Gamow George, Mr. Tompkins ' New World.

Goswami Arneb, Quantum Lighting Guide.
Greene Brian, The plot of the cosmos. Space,
Greene Brian, The hidden universes of parallel reality And the profound laws of the cosmos.
Greene Brian, The elegant universe. Superstrings, hidden dimensions and the pursuit of definitive theory.
Hawking Stephen The Universe in a nutshell.
Hawking Stephen The theory completely. Origin and destination Dell Universe.
Hawking Stephen The great history of the time.
Hawking Stephen Do Big Bang For black holes. A brief history of the universe.
Heckler, Richard, Coincidences.
Robert Hopke, Nothing happens by chance.
Joseph Frank, The power of coincidences.
Young Carl The analysis of Dreams. Archetypes of the unconscious. Synchronicity.
Young Carl Memories, DreamsReflections.
Kane Gordon, The Garden of Particles Elemental.
Shani Mani Quantum. From Einstein In Bohr, quantum theory, a new idea of reality..
Rei Hans, Christianity and Chinese religiosity.
Lederman Leon, Hill Christopher, Physical Quantum for Poets
Licata Ignazio, Watching the Sphinx.
Motterlini Matteo, Mental traps.
Peat David, Synchronicity. A union between the matter e Psyche.
Popper Karl, The Ego and your brain.
Radin Dean. Intertwined minds. Psychic phenomena explained by quantum physics.
Rhine Louisa, Psychokinesis. in mind Dominates matter..
Schumacher Ernst, A guide to the Perplexed, the B
Sheldrake Rupert, The illusions of Science.
Sheldrake Rupert, The mind Extended..
Michael Smith, Young and Shamanism.

Sparzani and Panepucci. (Curators) Young and Pauli. The original correspondence: The meeting between psyche and matter.
Henry Stapp Quantum theory and free will..
Michael Talbot, All is a. Feltrinelli
Teodorani Massimo, Bohm. The Physics of Infinity.
Teodorani Massimo, in mind Creative. From the physical universe to intelligent life.
Teodorani Massimo, The entanglement. The Weave In the quantum world: particles To consciousness.
Teodorani Massimo, Synchronicity. The link between physics and psyche. Da Pauli Young ' s Next In Chopra.
Teodorani Massimo, The Atom and the particles Elementary.
Seems Frank The physics of Immortality.
John White, The encounter between science and spirit..
Claudio Widmann, Synchronicity and coincidences Significant.
Claudio Widmann, Introduction to Synchronicity.

Impression terminée en avril 2022
François Aroche est le pseudonyme de Bruno Del Medico, blogueur, écrivain, éditeur, spécialisé dans la diffusion de questions liées à l'actualité sociale et aux nouvelles frontières de la science. Il est l'auteur de nombreux ouvrages sur la récente pandémie, et d'essais sur la physique quantique et la métaphysique.